給晚歸的家人做頓簡餐

100道冰箱常備料理

程安琪 著

U0054444

隨手可做的料理

兒子上班之後才發現，現代的年輕人，加班的頻率是何其高啊！常常等到晚上 9 點多、10 點才回到家，晚餐時間都過了，該做甚麼給他吃呢？雖說做起來不麻煩，吃起來能填飽肚子又有營養的菜色其實不少，但是也得事前先有規劃，畢竟巧婦難為無米之炊，只有空空的冰箱當然是變不出花樣的。

這也讓我想到，應該有很多人都跟我有相同的經驗，很想讓晚歸的家人回家後在最短的時間裡，吃到熱騰騰的料理。所以我就根據多年的烹飪經驗，在這本書裡為大家舉例，家中應該經常準備存放在冷凍庫和冷藏的食材有那些？這些食材，以「冰箱常備料理」為概念，做出像是香菇肉燥、義式肉醬…等保存在冰箱的料理，隨時拿來搭配白飯、麵條、蔬菜、海鮮…，還能在 20 分鐘以內衍生做出一道又一道的不同料理，增加餐桌上的變化，讓晚歸的家人除了填飽肚子，也能感到幸福和驚喜。

為晚歸的家人做頓簡餐，除了能讓家人享用到更美味、健康的食物外，最重要的是，回家吃飯能讓越來越習慣於早出晚歸的大家，能有更多與家人交流溝通的機會。

程安琪

目 錄 Contents

PART 1 │ 常備料理

PART 2 ｜好搭菜色

PART 3 ｜必備米食

PART 4 │ 簡易麵食

PART 5 ｜常備食材變身

輕鬆上菜 廚房常備萬用菜，餐桌施魔法

是否有這樣的經驗：先生加班、孩子補習晚歸時，站在廚房手拿鍋鏟，卻有
種不知該料理何種佳餚才能快速上菜，餵飽又餓又累的家人？這時候冰箱裡
若有一鍋香菇肉燥或者一盒榨菜肉絲…這類常備萬用菜，用來佐飯、拌麵、
煮湯、燙青菜，或者搭配其他食材，像是施了魔法般，輕輕鬆鬆地變換出
千百種好菜！瞬間解決妳的困擾。

什麼是「常備萬用菜」？指得就是家庭餐桌上常見的菜，是媽媽在廚房裡常備的基
礎菜式；可以立即食用、也可以保存一段時間再食用。更重要的是，常備萬用菜不
但巧搭其他配料立刻可變化出另一道美味佳餚；一次做出存量還可降低食材成本，
省時又省錢，真是一舉數得。

一鍋在冰箱，幸福添笑聲 ｜ 必備菜：香菇肉燥 ｜

肉燥是台灣到處可見的國民小吃，一般來說，中南部稱為肉燥飯，北部會叫魯肉飯。做法通
常是把豬絞肉炒香後，再加水及醬油等調味料同煮，加上香菇後的肉燥更添香氣及營養。一
次煮上一鍋，分裝盒內後放進冰箱，就是自製的美味方便料理包。遇到需要快速上菜時，煮
碗麵、冬粉、米粉、或是盛一碗飯，再燙個青菜，主食和青菜上分別淋上一大匙的香菇肉燥，
只要 15 分鐘，熱呼呼、香噴噴的香菇肉燥簡餐就可以端上桌囉！

香菇肉燥大變身 ▶

（作法請見本書 P16 – 21）

必備菜：義式肉醬

在家想要做快速的西式菜餚，義式肉醬會是最好的小幫手。義式肉醬在義大利麵醬汁裡受歡迎的程度名列前茅。不少人對義大利麵最初的印象，就是肉醬義大利麵，酸酸甜甜的茄汁不但能代表義式料理，炒到香氣濃郁的絞肉，也能讓人食指大動。而且義式肉醬在西式餐點裡的角色一如台菜的香菇肉燥，煮好一鍋放涼後，分盒放進冰箱保存，想要做菜時，煮義大利麵，或炒海鮮、煮蔬菜湯、做土司披薩⋯時，加上一大匙的義式肉醬，就能快速端上西式簡餐，滿足家人的腸胃。

義式肉醬大變身

（作法請見本書 P42 － 45）

做法好簡單，巧思變化多

必備菜：榨菜肉絲

在中國，榨菜除了入菜，還有個作用是暈車、暈船的人在口裡含一片榨菜咀嚼，會使煩悶情緒緩解。而且榨菜色澤美觀，入口鮮香脆嫩，搭配肉絲同炒，脆口的榨菜搭上 Q 軟肉絲，十分開胃。榨菜肉絲吃法多多，除了自成一道菜，煮了乾麵鋪在麵上可以拌著吃，放進湯麵就是榨菜肉絲湯麵，也可以加些青菜或粉絲煮成榨菜肉絲湯⋯，入口各有風味。只要家裡常備一盒炒好的榨菜肉絲，快速上菜不再是難事。

榨菜肉絲大變身

（作法請見本書 P22 － 25）

必備菜：雪菜肉末

雪菜又稱「雪裡紅」，是種醃製菜，據說最早是用蘿蔔葉來醃，後來也有人用小芥菜或油菜取代。清爽的雪裡紅配上一些紅辣椒，綠葉中透出點點紅色，讓人眼睛為之一亮。雪菜搭肉末同炒，不僅 20 分鐘內可以上菜，還是聰明廚娘的一道必備菜，吃不完的雪菜加進湯麵裡，可以煮成雪菜煨麵；還可加進米粉湯、做成燴飯、夾饅頭或土司，蒸豆腐、炒年糕…，冰箱有雪菜肉末在，就不怕變不出花樣來了！

雪菜肉末大變身

（作法請見本書 P26 － 29）

必備菜：酸菜炒肉絲

酸菜和雪菜、榨菜一樣，都是蔬菜醃製而成，但口感各有其巧妙之處，共同點是搭配肉類炒香後，皆可存在冰箱中，只要動動腦，就可以和廚房裡的其他食材共同變化出新的菜色。酸菜是中國東北地區常吃的蔬菜醃製品，通常會選用如白菜之類，韌性較好的多葉蔬菜作為原料；台灣的酸菜則多是用芥菜醃製。酸菜炒肉絲，鹹香帶脆，炒一盤上餐桌開胃又下飯，多炒一點放在密封盒裡，煮碗麵放進去就是酸菜肉絲麵，也可煮成湯，或是炒米粉，都可以快速上菜。若時間足夠，也可做成包子內餡，變化多樣，是家中必備的常用基礎菜餚。

酸菜炒肉絲大變身

（作法請見本書 P38 － 41）

烹飪小幫手，快速好上菜

| 必備菜：麵疙瘩 |

麵疙瘩的由來有此一說，是很久很久以前，賺錢不易，常以麵食為主食的外省家庭，就把麵粉加水和成麵糰後，再捏出一個個薄片狀，丟進滾水中煮熟，有時候也會把家中沒吃完的菜放進去疙瘩中，煮好全家一起吃，所以麵疙瘩也有團圓菜的別稱。也因為麵疙瘩做法簡單，材料也簡單，家裡只要有杯麵粉，有水，不必拘泥樣式，就可以輕鬆做出來。閒暇的時候，多做一點麵疙瘩，分裝在冷凍袋存放在冰箱，想吃的時候拿出來，搭配香菇肉燥、榨菜肉絲、雪菜肉絲…家中常備萬用菜，20 分鐘不到，就可享用香 Q 麵疙瘩。

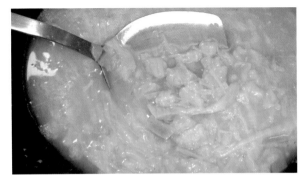

麵疙瘩大變身

（作法請見本書 P46 － 51）

| 必備菜：開陽高麗菜 |

「開陽高麗」中的開陽，就是蝦米，也是家中廚房必備的乾貨，有人拿它爆香使用、或者當調味料，也有人把蝦米和泡過蝦米的水加進粥裡當粥底提鮮。和高麗菜同炒成開陽高麗，是餐廳常見菜色，備好料，10 分鐘內輕鬆上菜。而開陽高麗能入列為家庭常備萬用菜名單之一，除了這道菜的營養價值不錯，以開陽高麗為基礎，可以炒米粉，加香菇變化出另一道新菜。

開陽高麗菜大變身

（作法請見本書 P30 － 33）

| 必備菜：香辣豆乾肉醬 |

想要施展最快速上菜的身手，那麼自製適合儲藏的速食醬料是一定要做的啦！三不五時炒一大罐子味道濃郁的特色肉醬放在冰箱備著，炒菜時挖一杓放進，煮粥時放一杓拌著吃，隨時能解決一家人三餐的需要，非常適合上班族家庭主婦使用，香辣豆乾肉醬就有這樣的好處。香辣豆乾肉醬拌飯、拌麵，也適合當燙青菜的佐料；或者做舖上土司披薩上當配料…，百吃不膩。

香辣豆乾肉醬大變身

（作法請見本書 P34 － 37）

PART 1

常備料理

把握食材的特色，就算用簡單的材料也可以變化出豐富好吃的菜色。

煮一鍋義式麵醬、肉燥…等擅長搭配的常備萬用菜，

和海鮮、青蔬、肉類等下鍋或燴、或炒、或煮，方法不同、食材不同，

就可衍生出一道道各具特色的佳餚。

香菇肉燥
永遠的台灣味

只要有鍋肉燥，做肉燥飯、肉燥麵都很好吃。
沒太多時間做菜時，汆燙青菜起鍋後，淋上肉燥，就是道家常菜囉！

● Step1 備食材

絞肉 600 公克、香菇 5 朵、大蒜屑 1 大匙、蔭瓜 1/2 杯、紅蔥酥 1/2 杯

● Step2 調好味

酒 3 大匙、醬油 1/2 杯、糖 1/2 茶匙、五香粉 1 茶匙

● Step3 準備好

香菇泡軟、切碎。蔭瓜切成小塊。

● Step4 開始做

1. 炒鍋中熱 3 大匙油，先把絞肉炒到肉變色、肉本身出油。
2. 加入大蒜屑和香菇同炒，待香氣透出時，淋下酒、醬油、糖和水 3 杯，同時加入蔭瓜和半量的紅蔥酥，小火燉煮約 1 小時。
3. 放下另一半紅蔥酥和五香粉，再煮約 10 分鐘即可關火。

👍 **廚房妙訣 = 讓肉燥更有味**

1. 傳統肉燥多用五花肉切細條來做，在家若想簡化一些，也可選用七分瘦肉、三分肥肉的絞肉自製美味的香菇肉燥。

2. 在超市就可以買到味道較甜，裝在玻璃瓶中的蔭瓜，湯汁可以加入肉燥中同滷，讓肉燥的滋味更甘甜，但沒有時也可以不加。

客家小湯圓

香菇肉燥變著吃

材料

小湯圓 20 粒、芹菜 2 支、韭菜 3 ～ 4 支
香菜 3 支、香菇肉燥 3 大匙

調味

鹽適量、胡椒粉少許

預備

芹菜切成珠；韭菜切 3 公分短的段；香菜
也切短段。

作法

1. 小湯圓投入滾水中煮至
   浮起即撈出。

2. 鍋中煮滾 4 杯水，加入
   肉燥和湯圓，酌量加鹽
   和胡椒粉調味，放下韭
   菜，關火再放下芹菜珠
   和香菜。

肉燥飯

香菇肉燥變著吃

材料

白煮蛋 4 粒、豆腐乾 6 塊、白飯 2 碗
香菇肉燥 3 ～ 4 大匙

調味

醬油、五香粉少許

預備

可準備滷蛋、豆乾或炒些蔬菜佐餐。

作法

1. 煮肉燥至一半時，可依個人
   喜好，放進白煮蛋、豆腐乾
   或是油豆腐等配料同煮，使
   它們吸收肉燥的味道及香氣。

2. 熱白飯上淋上肉燥，附滷蛋、
   豆乾和炒蔬菜配食。

肉燥四季豆

香菇肉燥變著吃

材料

四季豆數量視個人需要準備，香菇肉燥 2 大匙

調味

鹽 1/2 茶匙

作法

1. 準備一小鍋水，放在爐上燒，水滾後加入 1/2 茶匙鹽，再放入四季豆燙熟。

2. 撈起盛盤後淋上香菇肉燥，即可上桌。

預備

四季豆去頭去尾摘好，切成兩段。

肉燥麵

香菇肉燥變著吃

材料

麵條、香菇肉燥 2 大匙、青菜少許

調味

鹽 1/2 茶匙

預備

鍋內放水煮開，水滾至沸騰時將麵條放入鍋裡。

作法

1. 麵條煮熟後撈起。

2. 碗中放少許鹽和醬油，沖下熱水，麵條盛放碗中，再淋上香菇肉燥，附上燙青菜即可。

榨菜肉絲

簡單家常味

榨菜＋肉絲＝廚房裡最佳常備料理。只要把炒好的榨菜肉絲放在保鮮盒裡，
任何時間想吃碗麵、喝碗湯、配白飯……，
隨時拿出來就是最好的配菜。

● Step1 備食材

豬肉絲 100 公克、榨菜 150 公克、熟筍子 1 支、蔥 1 支、紅辣椒 1 支

● Step2 調好味

醬油 1 茶匙、糖 1/2 茶匙、水 3 大匙、麻油數滴
醃肉料：醬油 1/2 大匙、水 1 ～ 2 大匙、太白粉 1 茶匙

● Step3 準備好

1. 肉絲用醃肉料拌勻，醃 20 ～ 30 分鐘。
2. 榨菜切成細絲，用水沖洗一下，擠乾水分；熟筍子切絲；
蔥切成蔥花；紅辣椒切圈。

● Step4 開始做

1. 先下約 2 大匙油在鍋內，把肉絲炒散開，炒至變色，就是熟了盛起。
2. 放下蔥花、榨菜和筍絲，炒勻後加入醬油、糖和水，再以大火炒勻。
3. 加入肉絲快炒幾下，炒勻後滴下少許麻油即可關火盛盤。

👍 廚房妙訣 ＝ 省時小撇步

1. 醃過的肉可以放較長的時間，所以一次不妨多醃一些放在保鮮盒內；或直接把
肉絲炒熟，再視需要以不同的食材來搭配。
2. 肉絲炒熟後，和少許油一起放入保鮮盒中，就不用每次都炒一點點肉絲。

榨菜肉絲拌麵

榨菜肉絲變著吃

材料

麵條一包、榨菜肉絲適量。

調味

醬油 1 茶匙、鹽少許、麻油少許

預備

將調味料放在麵碗中，等候煮麵。

作法

1. 準備一只湯鍋，鍋內放進水煮開。

2. 水滾至沸騰時，將麵條放入鍋中。

3. 麵條放入滾水，視麵條粗細煮到熟，煮約 1 分鐘，撈起後充分瀝乾水分，放入碗中與調味料拌勻。

4. 最後在麵上擺放榨菜肉絲即成。

食材特色

榨菜質地脆嫩，具有特殊鹹鮮味，風味鮮美，含有蛋白質、胡蘿蔔素、膳食纖維、礦物質等，可以用於佐餐、炒菜和煮湯。

食材教學——做榨菜

1. 以大頭菜為原料，洗淨後切掉菜根及葉子後，放置晾乾水份。

2. 把將大頭菜對半切開，放進容器後放進以 1/20 鹽水比例泡成的鹽水，需滿過大頭菜，泡 30 至 40 天左右。泡足天數後，將桶內的水倒掉，拿出大頭菜在頂部切花刀。

3. 把容器洗淨，將醬油、白糖、米酒、薑片依 10：2：0.5：1 的比例放進容器內，再將大頭菜放入醃透約 20 至 30 天即成榨菜。

雪菜肉末

絕對好開胃

炒好雪菜肉末存放在冰箱裡，有家人晚歸時，
可以煨麵、燴飯、燒豆腐、煮粉絲湯，
一會工夫就能煮好上桌，省時又開胃。

Step1 備食材

絞肉 120 公克、雪裡紅 500 公克、熟筍子 1 支、蔥花 1 大匙、紅辣椒 1 支

Step2 調好味

醬油 1/2 大匙、糖 1/2 茶匙、鹽少許

Step3 準備好

1. 筍子去殼、切成丁。紅辣椒切成小片。
2. 雪裡紅漂洗乾淨，擠乾水分，嫩梗部分切成細屑，老葉部分不用。

Step4 開始做

1. 炒鍋中放 1 大匙油把絞肉炒香，加入蔥花和筍丁，再炒幾下，淋下醬油炒勻。
2. 加入紅辣椒片、雪裡紅和大約 3 ~ 4 大匙的水，快速拌炒，雪裡紅炒熱後，加入鹽和糖調味，以大火繼續拌炒，炒至湯汁即將收乾即可關火。

👍 廚房妙訣 = 好吃小撇步

1. 因為雪裡紅的汁液會有苦澀味，下鍋炒之前，要記得把雪裡紅的水分擠乾。

2. 雪菜肉末是超好用的家庭常備菜，可以加到煮好的豆腐中，煮成雪菜肉末燴豆腐，或煮成雪菜粉絲湯、雪菜湯麵、拌麵、米粉…。但要注意雪菜加熱時間要快，以免失去脆度。

🍜 雪菜粉絲湯

雪菜肉末變著吃

🥢 材料

粉絲 2 把、雪菜肉末 2 ～ 3 大匙
蔥花少許

🍶 調味

鹽少許

👨‍🍳 預備

粉絲泡軟後,剪成兩段。

🍲 作法

1. 視個人食量將粉絲放入滾水
   中烹煮至透明,加少許鹽調
   味即可關火撈起。

2. 加進適量雪菜肉末即成雪菜
   粉絲湯。

雪裡紅燴飯

雪菜肉末變著吃

材料

熱白飯一大碗、雪菜肉末 3 ～ 4 大匙

調味

鹽 1/3 茶匙、太白粉水少許、麻油少許

預備

準備一只小湯鍋,鍋內先放入 2/3 杯水煮滾。

作法

鍋內水煮滾後,加入 3 ～ 4 大匙雪菜肉末和 1/3 茶匙鹽,再煮滾後以適量的太白粉水勾芡,滴下幾滴麻油便可以澆淋在熱白飯上。

開陽高麗菜

清甜家常佳餚

高麗菜吃法很多，開陽高麗菜做法簡單，
而且由此出發還可以變出好幾道美味料理，
炒米粉、炒麵、煮湯麵、煮炊飯，道道都美味。

Step1 備食材

肉絲 100 公克、香菇 3 朵、蝦米（開陽）2 大匙、高麗菜 500 公克、大蒜 2 粒

Step2 調好味

醬油 1 茶匙、糖 1/2 茶匙、水 3 大匙、麻油數滴
醃肉料：醬油 1/2 大匙、水 1 ～ 2 大匙、太白粉 1 茶匙

Step3 準備好

1. 肉絲用醃肉料拌勻，醃 20 ～ 30 分鐘。
2. 香菇泡軟、切絲；蝦米泡軟、略摘除硬殼；高麗菜切條；大蒜拍一下。

Step4 開始做

1. 用 2 大匙油炒香菇、蝦米和大蒜，待有香氣時，放下肉絲炒熟。
2. 加入高麗菜，再炒至高麗菜變軟，加鹽和胡椒粉調味。

👍 廚房妙訣 ＝ 好吃小撇步

炒高麗菜時，如果高麗菜已經瀝乾、沒有水分，可以灑一些水一起炒，
才不會炒焦。

炒米粉

開陽高麗菜變著吃

材料

米粉一包、開陽高麗菜適量
蔥段少許、香菇肉燥少許

調味

醬油少許、鹽少許、2/3 杯水

預備

米粉用溫水泡軟，瀝乾水分

作法

1. 鍋中放少許油，把蔥段爆香，放下米粉和開陽高麗菜，加少許醬油、鹽和水（約 2/3 杯），用筷子挑拌炒勻，燜 1 ～ 2 分鐘。

2. 上桌時，還可淋下自製的香菇肉燥。同樣方法可以炒麵，煮湯麵、煮炊飯。

食材特色

高麗菜又名甘藍菜，緣起日據時代日本人研究出甘藍菜的營養價值高，高麗菜含有一般蔬菜少見的鉀、鎂、鈣等礦物質，為鼓勵大家多多食用，將其比喻為高麗人參一般，稱之為高麗菜。

食材小典故

「開陽高麗」，也有人寫成「開洋高麗」，其中「開陽」指得就是蝦米，也就是這道菜的重要配料。為什麼要叫做開陽？有人說，蝦子被中國人視為補陽聖品，故亦稱開陽。也有一說是，慈禧西逃時，御廚因找不到好食材，因此想到改變現有食材名稱的方法。盡管名稱由來眾說紛紜，但開陽高麗卻成了好煮、好吃的家常菜。

香辣豆乾肉醬

簡易版炸醬

用多一點的辛香料一起炒,取代甜麵醬的醬香味道。
可以拌麵,也可以夾饅頭、土司麵包,當然拌飯也很好吃。

● Step1 備食材

絞肉 200 公克、豆腐乾 8 片、蔥 2 支、大蒜 2 粒、紅辣椒 1 支、香菜 2 支

● Step2 調好味

醬油 1 大匙、鹽 1/3 茶匙、糖 1/4 茶匙、水 3 大匙、麻油 1/2 茶匙

● Step3 準備好

1. 豆腐乾先切成條狀、再切成小碎丁備用。
2. 蔥切蔥花;大蒜剁碎;紅辣椒切碎;香菜切碎。

● Step4 開始做

1. 鍋中燒熱 1 大匙油,放下絞肉先炒熟,再加入蔥花和大蒜末一起炒香。
2. 淋下醬油再炒一下,加入豆乾丁、鹽、糖和水,大火炒勻,加入辣椒丁和香菜末,炒勻即可關火,滴下麻油。

肉醬拌麵

香辣豆乾肉醬變著吃

材料

麵條一束、2 ～ 3 大匙豆乾肉醬

調味

1 茶匙醬油、1/4 茶匙鹽
1/4 茶匙麻油

預備

先將 1 茶匙醬油、1/4 茶匙鹽和
1/4 茶匙麻油放在大碗中。

作法

1. 鍋內放水煮開。水滾至沸騰時，將麵條放入鍋裡。

2. 麵條放進滾水中煮熟後撈起。

3. 將煮熟的麵盛入大碗中，加進 2 ～ 3 大匙的豆乾肉醬，拌勻即可。

食材特色

豆腐乾是豆乾肉醬也就是製作簡易炸醬麵醬料的主角之一。豆腐乾是豆腐的再加工製品，鹹香爽口，軟中帶韌，經常被用來滷製、油炸、做涼拌菜、炒熱菜，當下酒菜或旅途攜帶當零食或充飢，都很常見。

食材小典故

有此一說，相傳西漢高祖劉邦之孫，也就是人稱淮南王的劉安，他的母親喜好食用黃豆。有一次母親臥病在床，淮南王便命人將黃豆磨成粉，加水熱成湯以便於母親飲用；又怕食之無味，就加了點鹽來調味，沒想到竟凝結成塊，就是豆腐的形成。接著，把豆腐水分搾乾，並以焦糖染色，形成今日的豆腐乾。豆腐乾口感Q彈軟韌，種類也日益增多。

酸菜炒肉絲

酸香好下飯

趁著周末一口氣炒好，裝在保鮮盒裡放進冰箱，
可以配稀飯，更是理想的便當配菜，
想用時隨時可以拿出來。

🔘 Step1 備食材

肉絲 100 公克、熟筍子 1 支、酸菜 150 公克、蔥 1 支、大蒜末 1 茶匙、紅辣椒 1 支

🔘 Step2 調好味

醬油 1 茶匙、糖 1/4 茶匙、水 3 大匙
醃肉料：醬油 1/2 大匙、水 1 大匙、太白粉 1 茶匙

⚫ Step3 準備好

1. 肉絲用醃肉料拌勻，醃 20～30 分鐘。
2. 酸菜切細絲；熟筍子切絲；蔥切蔥花；紅辣椒切圈。

⚫ Step4 開始做

1. 用 2 大匙油先炒熟肉絲，再放下蒜末、蔥花和紅辣椒一起炒香。
2. 放下筍絲和酸菜絲炒一下，加入調味料再以大火炒勻。

👍 **廚房妙訣 = 減低酸菜鹹度**

酸菜鹹度每一家並不相同，烹煮前要特別注意。可在切絲後先嚐一下，太鹹時
可先在清水中泡約 3～5 分鐘，減低酸菜鹹度。

酸菜肉絲湯麵

酸菜肉絲變著吃

材料

麵條一包、酸菜肉絲適量

調味

醬油 1 茶匙、鹽 1/4 茶匙、麻油少許

預備

視個人食量將麵條放入滾水中烹煮，
撈起煮好麵條後瀝乾水分備用。

作法

1. 準備一只大碗，碗中放入醬油
   1 茶匙、鹽 1/4 茶匙及少許麻油
   少許。

2. 沖下熱開水，放下煮熟的麵條
   和酸菜肉絲，挑拌均勻即可。

食材特色

雲林大埤鄉是台灣酸菜的故鄉，市售百分之八十的酸菜出自這裡，尤其來到鄉內的
興安村，隨處可見路邊的酸菜桶。酸菜味道鹹酸，口感脆嫩，入菜能增進食慾、幫
助消化，但醃製酸菜過程中，維生素 C 被大量破壞，因此只能偶而食用，以免有礙
健康。

食材教學——醃酸菜

一般人家多選用芥菜和鹽巴來醃酸菜。首先先把芥菜放在陽光下日曬，曬一天
後，晚上收回，抹上鹽揉一揉，直到芥菜變軟，放進容器裡排好，上頭壓重物。
晴天約壓三天，若遇上陰天則得多壓至七天左右。切記擺放酸菜的容器不要沾到
油漬，以免製成的酸菜會變黑。

義式肉醬

多用途醬料

準備好一鍋略帶番茄香氣的義式肉醬，就可以用快速簡單的方法，
做出義大利麵、義式海鮮、義式蔬菜湯等各式義式料理，
香噴噴端上餐桌，滿足家人的味蕾。

● Step1 備食材

絞肉 450 公克、大蒜屑 1 大匙、洋蔥屑 1/2 杯、胡蘿蔔絲、芹菜屑各 1/2 杯、
洋菇片 2/3 杯、月桂葉 2 片、義大利綜合香料 1/2 大匙、
罐頭番茄 1 杯、橄欖油 4 大匙

● Step2 調好味

酒 3 大匙、番茄膏 1/2 杯、糖 1/2 茶匙、鹽 1 茶匙、
胡椒粉 1/4 茶匙、起司粉 2 大匙

● Step3 準備好

用 3 大匙油炒香洋蔥屑和大蒜屑，再加入絞肉炒至熟。

● Step4 開始做

1. 絞肉炒至變色後，繼續加入胡蘿蔔、芹菜、洋菇、
月桂葉和義大利香料，翻炒幾下，淋下酒和番茄膏，拌炒均勻。
2. 注入約 4 杯水、加糖、鹽和胡椒粉調味，煮滾後改小火，燉煮約 40 ～ 50 分鐘。
3. 加入罐頭的去皮番茄（略切小塊），再煮 10 分鐘，將湯汁略收乾，同時撒下少許麵粉，
邊加邊攪拌，以使湯汁濃稠些，煮滾即可關火。

👍 **廚房妙訣 = 冷凍保存鮮滋味**

義式肉醬應用範圍很廣，而且煮一大鍋存放十分方便，冷卻後分裝進數個
不同容器後，放進冷凍庫，想吃的時候就拿出解凍，拌麵、拌飯、煮湯、
搭配蔬菜都很方便又好吃。

義式蔬菜湯

義式肉醬變著吃

材料

高麗菜 400 公克、胡蘿蔔、西芹 2 支
馬鈴薯 1 顆、義式肉醬 4 大匙

調味

鹽適量調味

預備

高麗菜撕成大片，胡蘿蔔切片；西芹
切厚片；馬鈴薯切半後切片。

作法

1. 鍋中煮滾 6 杯水，放下高麗
   菜、胡蘿蔔、西芹和馬鈴薯，
   放下義式肉醬，煮 15 分鐘。

2. 適量加鹽調味。

義式海鮮

義式肉醬變著吃

材料

蝦子 8 隻、鮮魷 1/2 條、蛤蜊 10 粒
洋蔥 1/3 個、新鮮香菇 2 朵、九層塔
10 片、義式番茄肉醬 3 大匙

調味

帕米森起司粉 1 大匙

預備

蝦子剪去頭鬚;鮮魷切成圈狀;洋蔥
切片;香菇切條狀。

作法

1. 起油鍋,用 2 大匙油炒香
   洋蔥和鮮菇,加入蝦子同
   炒,再加入義式肉醬、熱
   水 1/3 杯和蛤蜊,煮至滾,
   放下鮮魷,拌炒至鮮魷已
   熟、蛤蜊開口。

2. 放下九層塔一拌即可,裝
   盤後灑下起司粉。

麵疙瘩

屬於家的味道

麵粉是極力推薦的家常備料，就算家裡沒有乾麵條和米飯，
只要有一杯麵粉，就可以做出麵疙瘩，
再配上喜愛的配料一起煮，又快又好吃。

Step1 備食材

中筋麵粉適量、水

Step2 調好味

鹽少許

Step3 準備好

把麵粉放在大一點的盆中，水龍頭開到非常小的流量，
慢慢的滴入麵粉中，一面滴、一面用筷子攪動麵粉，將麵粉攪成小疙瘩。

Step4 開始做

煮的時候直接把麵疙瘩放入湯中，盡量分散開來放，
同時邊放邊攪動，以免麵疙瘩黏在一起。

👍 廚房妙訣 ＝ 麵疙瘩的火候

1. 煮的時間依麵疙瘩大小而定，基本上煮到麵疙瘩有透明感、沒有白麵心即可。

2. 煮時以中火煮，以免湯汁糊化。湯的多少依個人喜好而定。

麵疙瘩的做法

1. 水龍頭開到非常小的
   水量，讓水慢慢滴入
   麵粉中。

2. 用筷子攪動麵粉和水，
   攪成小疙瘩。

3. 煮麵疙瘩時，盡量
   分散開來。

4. 邊煮邊攪動，以免
   疙瘩黏在一起。

5. 在家煮麵疙瘩，可
   依喜好加入蔬菜，
   肉類等各種配料。

味噌海帶芽麵疙瘩

麵疙瘩變著吃

材料

火鍋肉片 50 公克、三角油豆腐 3 個、海帶芽 1 小撮、蔥花 1 大匙、麵疙瘩適量

調味

味噌 1 大匙

醃肉料：醬油 1/2 大匙、水 1 大匙、太白粉 1 茶匙、

預備

肉片用醃肉料抓拌均勻；油豆腐切片；海帶 芽用水沖洗一下，太長的可以剪短一點。

作法

1. 鍋中把 3 杯水和油豆腐 一起煮滾，放下麵疙瘩， 要邊放邊攪動湯汁，不 要讓麵疙瘩黏在一起。

2. 煮滾後放入肉片，並加 入先用水調稀的味噌， 嚐一下味道，煮滾即可 加入海帶芽，關火後加 入蔥花。

三絲麵疙瘩

麵疙瘩變著吃

🥘 材料

肉絲 40 公克、香菇 2 朵、筍絲 1/3 杯
蔥花 1 大匙、麵粉 2/3 杯

🍶 調味

醬油 1 茶匙、鹽 1/2 茶匙

醃肉料：醬油 1 茶匙、水 2 茶匙
太白粉 1/2 茶匙

👐 預備

肉絲用醃肉料拌勻，醃 10 分鐘。香菇泡
軟後切絲。

🍲 作法

1. 炒鍋內先放進 1 大匙油，
   把香菇、筍絲和蔥花炒
   香，加入醬油，再倒入
   3 杯水，煮滾後放入麵疙
   瘩。

2. 再煮滾後放下肉絲，要攪
   動肉絲，不要黏在一起，
   加鹽調味即可。

干貝大白菜麵疙瘩

麵疙瘩變著吃

材料

干貝 2 粒、大白菜 150 公克
蛋 1 個、蔥花 1 大匙、麵疙
瘩適量

調味

醬油 2 茶匙、鹽適量

預備

干貝放在碗中，加水，水要
蓋過干貝約 1 公分，蒸 30
分鐘，涼後除去硬邊略撕
散。白菜切絲；蛋打散。

作法

1. 鍋中用 1 大匙油炒香蔥花，放入白菜同
   炒，見白菜已軟，加入醬油，再炒香，
   加入水 4 杯（包括蒸干貝的汁），煮滾。

2. 放入干貝，再加入麵疙瘩，煮滾後改小
   火再煮一下，至麵疙瘩已熟，加鹽調味，
   最後淋下蛋汁便可關火。

廚房妙訣 ＝ 讓干貝口感好

1. 干貝味道鮮美，是十分好用的增鮮小乾
   貨，可以一次多蒸幾粒，分成小包連汁
   一起冷凍，方便每次取用。

2. 干貝的硬邊在烹調之前要先剝除，以免
   口感不好。

食材特色

干貝取自扇貝，又稱為瑤柱，有著濃郁海味，而生鮮的干貝還有一稱為帶子。干貝
可以入菜，也可以熬湯，當主菜或配料兩相宜。也有種做法是將泡發好的干貝，擠
去汁液，剝成絲，用烤箱烤酥，或炸酥當做零嘴，口感類似魷魚絲。目前台灣的干
貝多以日本、越南、中國進口的為多，其中北海道產的干貝普遍被認為品質最好。

食材教學──選購干貝

1. 用手摸摸看，表面乾爽不黏膩。

2. 用鼻子聞，帶有香氣，而非腥臭味。

3. 用眼睛看，質地要緊實完整，色澤已接近棕色的金黃色為佳。

PART 2

好搭菜色

趁著放假，炒些菜放在保鮮盒，想吃的時候拿出來，
佐飯、配麵、煮湯，立刻變出新鮮好吃的料理。

洋蔥炒肉片
健康好食材

🟢 備食材

火鍋肉片 200 公克、大蒜 1 粒
新鮮香菇 3 朵、紅甜椒 1/4 個
洋蔥 1/2 個

🟡 調好味

醬油 1/2 大匙、鹽少許、水 3
大匙、黑胡椒粉少許

醃料：醬油 1 茶匙、太白粉 1
茶匙、水 2 大匙

⚫ 準備好

1. 火鍋肉片一切為二，用醃料輕輕抓拌均勻，
   放置 5～10 分鐘。
2. 洋蔥切條；新鮮香菇也切條，紅甜椒切粗
   絲；大蒜拍碎。

⚫ 開始做

1. 起油鍋燒熱 2 大匙油，把肉片放入油中，
   快速的炒至肉片剛變色即盛出。
2. 放入大蒜屑和洋蔥絲（油不夠時可以酌量
   加入 1 大匙油），炒至香氣透出，加入新鮮
   香菇和調味料。
3. 再炒至香菇回軟，放回肉片和紅甜椒絲，
   拌炒均勻即可。

⚫ Notes｜變著吃

洋蔥炒肉片可以夾入麵包中，或將米飯用模型做成米漢堡。把飯放在模型中，做成飯餅，放
在平底鍋煎香，起鍋把洋蔥肉片夾在中間；或者做成燴飯，做燴飯的澆頭時，炒肉片中要多
加 1/2 杯水，煮滾、勾芡，淋在飯上。

蘑菇燒雞腿
幸福鮮滋味

◎ 備食材

棒棒雞腿 2 支、洋菇 8 粒、洋蔥 1/3 個
胡蘿蔔 1 小段、冷凍青豆 1 大匙、麵粉
1 大匙

● 準備好

1. 雞腿用醃料抹勻，醃 20 ～ 30 分鐘。
2. 洋菇一切為四或切成厚片；洋蔥切寬條。

◎ 調好味

酒 1 大匙、番茄醬 2 大匙、醬油 1 大匙
水 1 1/2 杯

醃料：鹽 1/3 茶匙、黑胡椒粉少許、酒
1 茶匙

● 開始做

1. 將雞腿沾上薄薄的一層麵粉，鍋中放 2 大
   匙油，加熱後放下雞腿，煎黃表面，夾出
   雞腿。
2. 用鍋中的餘油炒香洋蔥，再加入洋菇同炒，
   淋下酒和其他的調味料，煮滾後再放入雞
   腿，以中小火燒煮 12 ～ 15 分鐘至熟。
3. 最後 2 分鐘放下胡蘿蔔片和青豆同煮。

● Notes｜讓雞腿更香！

沾上麵粉煎一下雞腿，會使雞腿有香氣；但是麵粉會使湯汁濃稠，煮的時候要用小火，以免沾
黏鍋底。

沙茶牛肉
濃郁好過癮

● 備食材

火鍋牛肉片 150 公克、洋蔥 1/2 個、黃瓜 1 條

● 調好味

醬油 1/2 大匙、糖 1/2 茶匙、沙茶醬 1 大匙、水 3 大匙

醃料：醬油 2 茶匙、糖 1/4 茶匙、太白粉 1 茶匙、水 2 大匙

● 準備好

1. 牛肉片用醃料拌勻，醃 20 分鐘。
2. 洋蔥切片；黃瓜也切片；調味料在碗中調好。

● 開始做

1. 鍋中熱 2 大匙油，把牛肉片炒熟，盛出。
2. 再把洋蔥放入鍋中炒至微軟有香氣，加入黃瓜片和牛肉，淋下調勻的調味料，大火拌炒均勻。

● Notes ｜ 炒出滑嫩口感！

要吃到滑嫩的牛肉口感，跟部位選擇有關係，一般來說用菲力部位肉片來炒，口感較嫩。一般主婦想要簡單一點，可以直接用火鍋牛肉片，或是放一點食用小蘇打一起醃，都可以讓牛肉吃起來口感更軟嫩。

香料烤雞腿排
低脂伴健康

🫧 備食材

去骨雞腿 1 支、金針菇 1/3 包
冷凍青豆 2 大匙

🫧 調好味

鹽少許、水 6 大匙
太白粉水少許

醃料：鹽 1/3 茶匙、義大利綜
合香料 1 茶匙、酒 1 茶匙

⚫ 準備好

1. 在雞腿的肉面輕輕剁幾刀，把白筋剁斷，撒上醃雞料，醃 20 分鐘。
2. 將金針菇根部切除，快速沖洗後再切成兩段。

⚫ 開始做

1. 烤箱預熱至 200℃，在烤盤或鋁箔紙上塗少許油，把雞腿皮面朝下，放在烤盤上，烤 15 分鐘後翻面，再烤 6 ～ 8 分鐘至表皮焦黃，就是雞腿熟了。
2. 鍋中放少許油把切段的金針菇炒一下，加進青豆和烤盤中的雞汁，同時加入調味料煮滾。
3. 雞腿移至餐盤上，淋下做好的金針菇醬汁，配上喜愛的蔬菜即可上桌。

⚫ Notes | 烤雞排不縮水

做雞腿排時要留住關節骨、同時把白筋剁斷一些，否則雞腿會縮小。若家中沒有烤箱，雞腿可以改用煎的，先煎黃雞皮的表面後，加水 1/2 杯，蓋上鍋蓋以小火將雞肉燜熟。

紅燴豬排
好滋味便當菜

◉ 備食材

薄片豬排肉 2 片、洋蔥 1/3 個、罐頭洋菇 6 粒、胡蘿蔔絲 1/2 杯、青豆 1 大匙、麵粉 1/3 杯、白飯 1 碗、青花菜適量

◉ 調好味

番茄醬 2 大匙、鹽 1/3 茶匙、水 1 杯

醃料：鹽 1/2 茶匙、胡椒粉少許

● 準備好

1. 豬排肉用刀背拍鬆、拍大一些，撒鹽和胡椒粉醃 5 分鐘。
2. 洋蔥切絲；洋菇依大小切對半或厚片。

● 開始做

1. 豬排沾上麵粉，用 2 大匙油煎黃表面，煎黃後先盛出。
2. 將洋蔥絲放入炒一下，再放入洋菇片和胡蘿蔔絲同炒，加入調味料炒勻，煮滾後放下豬排，用小火煮至熟 (約 4 分鐘)。
3. 青花菜摘好，用水燙熟 (水中加少許鹽)、瀝乾、擺在盤子上一起食用。

● Notes ｜ 煎豬排秘技

肉排在下鍋煎之前，要拍掉多餘的粉，以免粉在油中容易燒焦。豬排迅速煎黃兩面、先盛出備用，讓豬排表面迅速封住、肉汁無法外流，豬排不至於吸進過多的油分，所以肉質鮮嫩不油膩，如此再加熱也不會變老、變柴，而風味仍然不變！

蒜烤鮮菇
菇鮮好甜美

◯ 備食材

杏鮑菇 3 支、洋菇 7 ～ 8 粒
新鮮香菇 3 ～ 4 朵、橄欖油
1 大匙、大蒜 2 粒

● 準備好

1. 三種菇類都要快速的用水涮洗一下,擦乾水分。
2. 杏鮑菇切滾刀塊,香菇一切為四塊,放在烤碗中。
3. 大蒜剁碎,撒放在烤碗中,再淋下橄欖油、鹽和胡椒粉,一起拌一下。

◯ 調好味

鹽 1/3 大匙、黑胡椒粉適量

● 開始做

放入預熱至 220℃ 的烤箱中烤 12 ～ 15 分鐘至菇類微軟、略有焦痕,取出。如要香氣足一點,可將橄欖油改為奶油。

● Notes │ 烤菇時間的掌控

每個牌子的烤箱烤的快慢略有不同,要看烤出來的效果來決定烤的時間長短,這一點需要自己在家多試幾次。

培根香蒜魚排
香嫩美魚鮮

🔘 備食材

魚排 1 片、金針菇 1 包、新鮮香菇 2～3 朵、培根 2 片、大蒜 2 粒、奶油 1 大匙、水 2 大匙

⚫ 準備好

1. 金針菇洗淨，切除根部；鮮香菇切厚片，兩種菇都放在烤盤中，撒少許鹽和水。
2. 魚排洗淨、擦乾，撒上少許鹽抹勻，放在金針菇上。
3. 培根切小片；大蒜也切片，散放在魚排上面，再將奶油切成小粒，散放在烤盤中。

🔘 調好味

鹽、胡椒粉適量

⚫ 開始做

烤箱預熱到 220℃，放入魚排烤 10～12 分鐘，烤熟後取出。

⚫ Notes ｜ 適合烤來吃的魚

鯛魚、鱈魚、鮭魚或是其他許多魚肉也適合這樣烤來吃。

番茄鮮菇燴牛肉
不敗茄汁美味

⬤ 備食材

嫩牛肉 150 公克、番茄 2 個、杏鮑菇 2 支、洋蔥絲 1 大匙、蔥 1 支

⬤ 調好味

番茄醬 1 大匙、醬油 1/2 大匙、糖 1/4 茶匙、鹽適量、水 3/4 杯、太白粉水適量、麻油少許

醃料：太白粉 1 茶匙、醬油 2 茶匙、水 1 大匙

⬤ 準備好

1. 牛肉逆紋切成薄片後，先用醃料拌勻，醃 30 分鐘以上。
2. 番茄燙去外皮、切成塊；杏鮑菇切片；蔥切段。

⬤ 開始做

1. 起油鍋用 2 大匙油先炒牛肉，到 8 分熟時撈出牛肉。
2. 用剩下來的油炒一下洋蔥絲、杏鮑菇和番茄塊，加入番茄醬和醬油炒一下，再加糖、鹽和水，小火煮至番茄微軟且釋出味道。
3. 加入蔥段和牛肉拌勻、煮滾，再以太白粉水勾芡，滴下麻油即可。

⬤ Notes ｜ 延長菇菌保鮮期！

近幾年菇類的培育非常進步，種類很多，也比一些葉菜類耐放，例如香菇、洋菇、杏鮑菇、柳松菇、鴻喜菇、金針菇。這些菇類若想放久一點，要保持乾燥，可以用紙巾包起來，再包一層保鮮膜，食用之前快速沖洗一下就可以炒了。

烤綠蘆筍
清爽好開胃

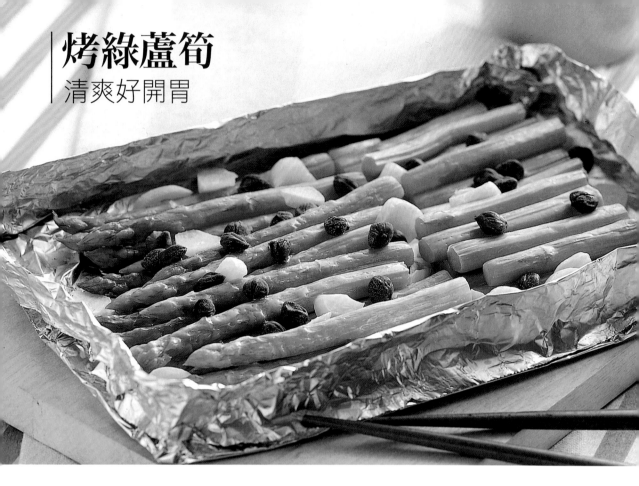

備食材

蘆筍 200 公克、大蒜 2 粒
酸豆 1 大匙

準備好

1. 蘆筍切去老的尾端,再一切為兩段。
2. 滾水中加入 1 茶匙鹽,放下蘆筍燙一下即撈出,放入冷水中沖涼,擦乾水分。
3. 把蘆筍放入烤盤中,撒上大蒜片和酸豆,再淋下橄欖油拌勻。

調好味

橄欖油 1/2 大匙、鹽少許

開始做

烤箱預熱至 180℃,放入蘆筍烤 5 分鐘,取出後可撒上少許鹽調味。

● Notes │ 讓蘆筍鮮嫩多汁

蘆筍放進烤箱之前,要先用加了鹽的滾水燙一下後馬上沖冷水降溫,可以縮短烘烤的時間。而且進烤箱前記得把水分拭乾,大約烤 5 分鐘就可以取出,烤出來的蘆筍口感多汁又青脆。

培根山藥捲
快速烤箱菜

● 備食材

山藥 150 公克、培根 5 條、牙籤 10 支

● 調好味

山藥削皮後切成 10 條長方塊。

● 準備好

1. 培根放入熱水中氽燙一下，再將每一條培根一切為二。
2. 用培根包捲山藥，用牙籤叉住接口處，排在烤盤中。

● 開始做

烤箱預熱至 200℃，放入排有培根山藥的烤盤，烤 5 分鐘後翻面再烤 5 分鐘，即可取出盛盤端上桌。

迷迭香烤雞腿
地中海風味

⬤ 備食材

新鮮迷迭香 1 支
棒棒雞腿 4 支

⬤ 準備好

1. 雞腿擦乾水分，均勻地撒上鹽和胡椒粉，醃約 20 分鐘。
2. 烤盤上鋪一張鋁箔紙，塗少許油，將雞腿擺放在烤盤上。
3. 迷迭香用水沖一下，摘下葉片，每支雞腿上放幾片迷迭香。

⬤ 調好味

鹽、胡椒粉適量

⬤ 開始做

烤箱預熱至 230℃，放入雞腿（用烤架將雞腿架膏高一點烤）
烤 15 分鐘，翻面再烤 10 分鐘，烤熟後取出即可。

⬤ Notes｜烤雞腿小撇步

如用整支雞腿烤，最好在內側劃切刀口，較容易烤熟。先烤雞腿內側、翻面再烤外皮，這樣
烤好後外皮口感會脆。

培根烤金菇
烤出美味來

⬤ 備食材

金菇 2 包、培根 3 片、大蒜
屑 1 大匙、奶油 1 大匙、水
2 大匙

⬤ 準備好

1. 將金菇洗淨,切除根部,散放在烤盤中,撒上約
   1/3 茶匙鹽。
2. 培根切成小段,和大蒜屑混合撒在金菇上。
3. 奶油分成小丁,也散放在金菇上。

⬤ 調好味

鹽、胡椒粉適量

⬤ 開始做

烤箱預熱到 230℃,將散放有金菇、培根的烤盤放進
去,烤約 10 ～ 12 分鐘即可使用。

⬤ Notes │ 菇類搭培根最好

菇類有特殊香氣,任何種類的菇都可以搭配培根這樣烤。

肉末炒雙菇
輕鬆小炒

● 備食材

新鮮香菇 200 公克、洋菇 10 ～ 12 粒、絞肉 100 公克、大蒜末 1 大匙
九層塔葉 10 片

● 調好味

醬油 1 大匙、糖 1/4 茶匙、水 5 大匙、黑胡椒粉少許

● 準備好

1. 香菇切成寬條狀；洋菇視大小一切為二或三片厚片，小粒的可不切。
2. 九層塔切碎，用紙巾吸乾水分。

● 開始做

1. 起油鍋，用 3 大匙油先把絞肉放下炒至出油，再放下洋菇炒一下，
   炒至洋菇微焦黃，再放下大蒜末和香菇同炒。
2. 待香菇變軟時，加入醬油和糖烹香，並加入水再燜煮一下，至汁收
   乾，撒下胡椒粉和九層塔屑。

蛤蜊絲瓜
不失敗料理

🔘 備食材

嫩薑 1 小塊、枸杞子 1 茶匙
絲瓜 1 條、蛤蜊 12 粒

⚫ 準備好

1. 絲瓜削皮後切成滾刀塊；蛤蜊放在薄鹽水中吐
   沙約 1 小時後洗淨；嫩薑切絲。
2. 絲瓜和蛤蜊混合放入烤碗中，淋下 2 大匙水，
   撒下薑絲和枸杞子，蓋上鋁箔紙。

🔘 調好味

鹽少許調味、胡椒粉少許

⚫ 開始做

烤箱預熱至 240℃，放入烤碗，烤約 12 ～ 15 分鐘，
取出後打開鋁箔紙，撒少許鹽和胡椒粉調味即可食
用。

🔴 Notes |

蛤蜊本身就有鹹味，所以鹽的份量一定要注意，才不會過鹹。

咖哩烤雙蔬
異國風蔬食

⬤ 備食材

白花椰菜 1/2 棵、洋蔥 1/3 個
綠花椰菜 1 棵、大蒜 1 粒、奶
油 1 大匙、麵粉 2 大匙、清湯
或水 1 杯、帕瑪森起司粉 1 大
匙

⬤ 準備好

綠色和白色花椰菜分別摘好，放入熱水中分別汆燙
（水中加入 1 茶匙、鹽），撈出沖涼，放在烤盤上。

⬤ 調好味

咖哩粉 1 大匙、鹽 1/3 茶匙、
糖 1/4 茶匙

⬤ 開始做

1. 鍋中加熱油 2 大匙，放下洋蔥和大蒜炒香，再加
   入咖哩粉、麵粉和奶油同炒，炒至香氣透出。
2. 慢慢加入清湯，邊加邊攪動，不要讓麵粉結成疙
   瘩，調成糊狀，放入綠和白花椰菜再加鹽和糖調
   味。
3. 盛入烤盤中，擠上細細的美乃滋，再撒上起司粉，
   用預熱至 240℃ 的烤箱烤 10 分鐘即可。

培根烤蘆筍
鮮嫩營養好美味

● 備食材

蘆筍 300 公克、培根 2 條
大蒜 1～2 粒

● 準備好

蘆筍切去老的尾端,再切成段;培根切小片;大蒜切末。

● 調好味

橄欖油 1/2 大匙、鹽 1 茶
匙(燙蔬菜用)、鹽適量(調
味用)

● 開始做

1. 準備一鍋水煮滾後加入 1 茶匙鹽,再放下蘆筍燙一
   下即撈出,撈出後放入冷水中沖涼,擦乾水分。
2. 把蘆筍放入烤盤中,撒上培根片和大蒜末,再淋下
   橄欖油拌勻。
3. 烤箱預熱至 200℃,放入蘆筍烤 5 分鐘,取出後可
   撒上少許鹽調味。

● Notes |

每個牌子的烤箱烤的速度快慢略有不同,要看烤出來的效果來決定烤的時間。

蔥香絲瓜
盛夏消暑意

🔵 備食材

圓筒絲瓜 1 條、新鮮香菇 1 ～ 2 朵

🔵 調好味

紅蔥酥 (含油)1 ～ 2 湯匙

⚫ 準備好

1. 絲瓜削皮後直剖成兩半，再切成薄片舖在鋁箔紙上。
2. 新鮮香菇洗淨後切片，放在絲瓜上面。

⚫ 開始做

1. 紅蔥酥連油一同淋入絲瓜中，若只有紅蔥酥而無油時，則以 1 大匙烹調用油代替，淋入後再包起來烤。
2. 烤箱預熱至 220℃，烤約 15 分鐘即可端上桌。

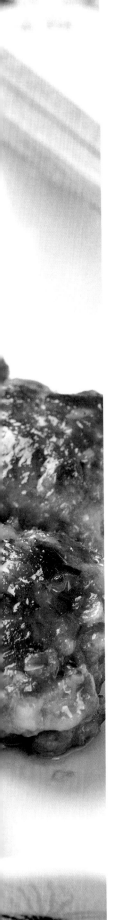

韓式煎肉餅
阿里郎賀節菜

🔘 備食材

絞肉 300 公克、蔥末、蒜泥、青菜任意搭配

🔘 調好味

醬油 1 茶匙、糖 1 大匙、酒 1 大匙、鹽適量、胡椒粉 1 茶匙、麻油 1 大匙、老抽醬油 1/2 茶匙、水 2 大匙、太白粉 1/2 大匙

⚫ 準備好

將絞肉剁一下使其產生黏性後，加入蔥末、蒜泥和所有調味料拌勻。

⚫ 開始做

1. 鍋中熱油約 1 大匙，將絞肉做成丸子，煎至外層金黃，將丸子略壓扁成肉餅。
2. 以小火慢慢煎至熟，盛出裝盤，附上青菜即可上桌。

PART 3

必備米食

先生加班、孩子補習，
精力被耗盡的家人，需要熱騰騰的食物滿足疲累的心靈。
只要有一杯米、一鍋飯，巧搭冰箱裡的食材，炊飯、炒飯、燴飯……，
一鍋搞定，省時省力，馬上讓人有紮實飽足感。

香菇雞肉炊飯
輕鬆做飯去

🔘 備食材

去骨雞腿 1 支或雞胸肉 1 片
香菇 2～3 朵、熟筍 1 小支
蔥 1 支

⚫ 準備好

1. 在雞腿的肉面上輕輕剁幾下，讓雞肉容易入味，拌上醃料醃 10 分鐘。
2. 香菇泡到軟透、切塊；筍切片；蔥切小段。全部放入雞肉中，再加調味料拌勻，放置 5 分鐘。

🔘 調好味

醬油 2 茶匙、胡椒粉少許
麻油 1/4 茶匙、水 2 大匙

醃料：醬油 2 茶匙、太白粉 1 茶匙、水 1 大匙

⚫ 開始做

1. 在電鍋內鍋放 1 杯米洗淨，加入 1 杯水，放入電鍋中後按下開關開始煮。
2. 電鍋開關一跳起，打開鍋蓋，將雞肉、香菇等鋪在飯上，外鍋再加 1/2 杯水，再次按下開關，再煮 5～6 分鐘，等開關跳起後再燜 5 分鐘即可。

⚫ Notes |

若家中用電子鍋煮飯，可以在米飯中淋下 2 大匙水，鋪下雞肉等材料，再煮至開關跳起，燜 1～2 分鐘再打開。

牛肉鮮菇炊飯
冷飯救星

● 備食材

嫩牛肉片 100 公克、柳松菇 1 小把
或其他喜歡的菇類、胡蘿蔔片數片
蔥 1 支、嫩薑 3 片、米 1 杯 (或冷
飯 2 碗)

● 調好味

醬油 1 茶匙、水 2 大匙

醃料：醬油 1 茶匙、酒 1/2 茶匙、
糖 1/4 茶匙、水 2 大匙、太白粉 1/2
茶匙、麻油 1/4 茶匙

● 準備好

1. 牛肉片用醃料抓拌入味，醃 20 分鐘。
2. 柳松菇或選中的菇類洗淨、瀝乾水分；蔥切段。
   把柳松菇、胡蘿蔔、蔥段和薑片拌入牛肉中，
   再加調味料拌勻。

● 開始做

1. 米洗淨後放入內鍋，量 1 杯的水放入鍋內，移
   入電鍋中煮成飯。
2. 當電鍋開關剛跳起時，放下牛肉等材料，要攤
   開、舖平均，在外鍋中再加 1/3 杯水，蓋上鍋
   蓋，再煮 4 ～ 5 分鐘，燜 1 ～ 2 分鐘即可。

● Notes |

醃牛肉時加少許食用小蘇打粉或嫩精，並將牛肉多抓拌一下，讓牛肉更滑嫩。

營養炊飯
飯菜一家親

● 備食材

香菇 2 朵、肉絲 40 公克
米 1 杯、蝦米 5 ～ 6 顆
高麗菜 100 公克、胡蘿
蔔絲少許

● 準備好

肉絲用醃料抓拌均勻，醃 10 ～ 20 分鐘。香菇和蝦米
泡軟，香菇切絲；蝦米摘去硬殼；高麗菜切成條狀。

● 調好味

醬油 1 茶匙、鹽 1/4 茶匙
油 1 茶匙

醃料：醬油 1 茶匙、水 1
茶匙、太白粉少許

● 開始做

1. 米洗淨，放在碗中，加入 1 杯水和調味料，再將
   肉絲等材料舖在上面，放入電鍋中煮成飯。
2. 開關跳起後再燜 3 分鐘才取出。

● Notes |

利用爆香手法能讓飯更香更好吃，先把香菇、蝦米爆香，加高麗菜和胡蘿蔔炒一下，再放入
米中同煮，香氣更足。

鮑魚雞粥
貴氣吃粥

🔵 備食材

味附鮑魚 1 ～ 2 粒、雞胸
肉 1/2 片、西生菜絲 1 杯
白飯 1 碗或米 1/2 杯

🔵 準備好

鮑魚切片；雞胸肉切絲後用醃雞料拌勻，醃 10
分鐘以上。

🔵 調好味

鹽適量

醃雞料：鹽少許、水 2 大匙
太白粉少許

🔵 開始做

1. 把白飯放入鍋中，加 4 杯水和鮑魚汁，大
   火煮滾後，改以小火煮 20 分鐘，關火後
   燜 10 分鐘。
2. 再開火煮滾稀飯，放下雞絲和鮑魚片，煮
   約 1 分鐘，加鹽調味。裝碗後撒下生菜絲
   上桌。

🔵 Notes |

袋裝鮑魚用起來方便，味道口感也不輸鮮鮑。除了吃鮑魚肉，鮑魚汁也別浪費，拿來熬
粥煮湯都美味，冷凍時要記得連汁一起冷凍。

芋頭鹹稀飯
芋香幸福滋味

🔘 備食材

芋頭 150 公克、香菇 2 朵、蝦米 4 ～ 5 粒、芹菜 1 支、白飯 1 碗

🔘 調好味

鹽 1/2 茶匙、白胡椒粉適量

⚫ 準備好

香菇泡軟、切絲；芋頭切小塊；蝦米沖洗一下。

⚫ 開始做

1. 將冷飯放入鍋中，加入香菇、蝦米和芋頭，加水 4 杯（如用電鍋煮，可以只加 3 杯水）。
2. 煮滾後改小火，煮 15 分鐘後關火，燜 5 分鐘。加鹽和胡椒粉調味，撒下芹菜末。

⚫ Notes |

1. 用白米直接煮稀飯水要多，1 杯米要 6 ～ 7 杯水，時間也要加長。
2. 芋頭容易糊化，煮時不要隨意攪動，要用小火煮，燜的時間也很重要，可以使稀飯更黏稠。
3. 沒有芹菜時可以在煮時加一點紅蔥頭，增加香氣。

蛋包飯

好料藏在蛋皮裡

備食材（可做兩份）

洋菇 3 粒、青豆 1 大匙、蛋 4 個、洋蔥小丁 2 大匙、白飯 2 碗

準備好

洋菇切片；蛋加鹽打散，再加入調勻的水和太白粉以及調味料 (1)，再打勻。

調好味

(1) 太白粉 1 茶匙、水 1 大匙 鹽 1/4 茶匙

(2) 番茄醬 2 大匙、鹽 1/ 茶匙 胡椒粉少許

開始做

1. 鍋中燒熱 2 大匙油，炒香洋蔥丁和洋菇，再加入白飯和青豆同炒，炒透後加入調味料 (2) 再炒勻，盛出。

2. 平底鍋中加熱 2 大匙油，倒入一半量的蛋汁，用筷子劃動蛋汁，使蛋汁凝固的厚一點。見蛋汁已有約 6 ～ 7 分凝固時，放下約 1 碗的炒飯，再將蛋皮翻蓋過去，把炒飯包起來，翻面再煎一下，盛入盤中，擠上番茄醬。

Notes |

用筷子先劃動蛋汁，可以使包在外面的蛋皮變厚一些，專業做法是在放入炒飯後再敲動鍋柄，使蛋皮自然翻轉、包住飯而成為橄欖型。這種方法比較簡單。

滑蛋蝦仁燴飯
蛋滑蝦鮮的經典美味

● 備食材

蝦仁 80 公克、蛋 2 個、蔥 1 支、青豆 1 大匙、清湯或水 1 杯、白飯 1 1/2 碗

● 調好味

鹽 1/2 茶匙、太白粉水 2 茶匙

醃蝦料：鹽 1/4 茶匙、太白粉 1 茶匙

● Notes |

太白粉勾芡要注意濃度，不要太濃。

● 準備好

1. 用約 1/2 茶匙的鹽抓一下蝦仁、再沖水洗淨，以紙巾吸乾水分後放入小碗中，拌入醃蝦料，醃約 10 分鐘。
2. 蛋加 1/4 茶匙鹽打至十分均勻。

● 開始做

1. 鍋中先熱 1 大匙油，放入蝦仁，大火炒至 9 分熟，盛出。
2. 利用鍋中剩餘的油，放下蔥花炒一下，倒入清湯煮滾，加鹽調好味道。
3. 放入蝦仁和青豆後再煮滾，再用太白粉水勾成薄芡。
4. 沿著湯汁邊緣再淋下 1/2 大匙油，接著淋下蛋汁，要搖動鍋子，使蛋汁不要黏鍋、可以浮在湯汁中，見蛋汁熟了即關火，淋在熱的白飯上。

親子丼
常勝日式家常美味

🔘 備食材

去骨雞腿肉 1 支、新鮮香菇 3 朵、洋蔥絲 1/2 杯、蔥 1 支 (切段)
蛋 2 個、熱白飯 2 碗、蔥花少許

🔘 調好味

香菇醬油 2 大匙、味醂 1 大匙、鹽少許、清湯 1 杯

醃料：鹽、胡椒粉、酒各少許

⚫ 準備好

1. 雞腿切成 6 ～ 7 小塊，均勻撒上醃料，醃 10 分鐘。
2. 新鮮香菇切條；蔥切段；蛋打散。

⚫ 開始做

1. 起油鍋，用 1 大匙油將洋蔥絲和蔥段炒香，加入調味料煮滾，
   放入雞塊和香菇，以中火續煮 2 ～ 3 分鐘至雞腿肉已熟。
2. 在湯汁滾動處淋下蛋汁，成為片狀蛋花，見蛋汁幾乎凝固時關
   火，淋在熱的白飯上。

⚫ Notes |

淋蛋汁時，手要繞著鍋子轉一圈，使蛋汁均勻的淋在湯汁中成蛋
片狀。

海鮮燴飯
燴飯自己做

● 備食材

魚肉 80 公克、蝦仁 5 隻、新鮮香菇 2 ～ 3 朵、綠花椰菜 1/3 棵
蔥 1 支、白飯 1 碗

● 調好味

(1) 鹽少許、太白粉 1 茶匙

(2) 醬油 1 茶匙、鹽適量、太白粉水 2 茶匙、胡椒粉少許
麻油數滴

● 準備好

1. 魚肉切片；蝦仁在背上劃一刀，兩種海鮮一起放碗中，加
   調味料 (1) 拌勻，醃 10 ～ 15 分鐘。
2. 新鮮香菇切成條；花椰菜分成小朵。
3. 煮滾 5 杯水，放入花椰菜先燙一下，撈出，再放入魚肉和
   蝦仁汆燙一下，撈出。

● 開始做

1. 起油鍋加熱 1 大匙油，先爆香蔥段，加入香菇炒一下，淋
   下醬油和 2/3 杯水煮滾。
2. 加入綠花椰菜再煮到滾，加鹽和胡椒粉調味，勾芡後放下
   魚肉和蝦仁，再煮滾即可關火，淋下麻油，再澆到熱的白
   飯上。

泡菜炒飯
炒飯＋泡菜更開胃

🔘 備食材

肉絲 50 克、韓國泡菜 2/3 杯、蔥 1 支、海苔絲少許、白芝麻 1 茶匙、白飯 2 碗

🔘 調好味

鹽適量、麻油 1/2 茶匙

⚫ 準備好

把韓國泡菜切成約 1 公分寬；肉絲用少許醬油和太白粉抓拌一下；蔥切蔥花。

⚫ 開始做

1. 鍋中加熱 1 大匙油（沙拉油和麻油各一半），放下肉絲炒熟。
2. 在肉絲中加入泡菜再炒一下，待香氣透出，加入白飯炒熱，撒下適量的鹽調味，炒拌均勻，
   最後再撒下蔥花、滴下麻油。盛盤後撒下海苔絲（或碎片）和白芝麻。

鳳梨炒飯
爽口開胃好滿足

備食材

雞胸肉 80 公克、洋蔥屑 1 大匙
罐頭鳳梨 3 ～ 4 片、青豆 1 大匙
油炸花生米或其他堅果 1 大匙
白飯 2 碗、肉鬆 1 ～ 2 大匙

準備好

雞胸切成絲；鳳梨再切小片一點（四分之一片的
可以再一切為二）。

調好味

糖 1/2 茶匙、鹽 1/4 茶匙
胡椒粉少許

開始做

1. 鍋中燒熱 2 大匙的油，放入洋蔥爆香，再加入雞
   絲炒熟，接著放入白飯和青豆，一起炒勻。
2. 加入胡椒粉和鹽再拌炒均勻，放下鳳梨片一拌便
   可盛起，撒下肉鬆和花生米即可。（或者撒些杏
   仁、核桃、腰果等不同的堅果類）

Notes

可以用絞肉或是豬肉絲取代雞肉。以冷凍三色蔬菜代替青豆，營養更加分。

蝦仁焗烤飯
豐郁潤滑香滋味

🌑 備食材

蝦仁 10 隻、洋菇 4 粒（切片）、洋蔥 1/4 個（切小塊）、青豆 1 大匙
白飯 2 碗、披薩起司絲、parmesan 起司粉各適量

🌑 調好味

奶油糊：油 2 大匙、麵粉 3 大匙、清湯 2 杯、奶油少許、鮮奶油 2 大匙

醃料：鹽、太白粉各少許

⚫ 準備好

蝦仁洗淨、擦乾，用醃料拌勻，醃 15 ～ 20 分鐘。

⚫ 開始做

1. 鍋中燒熱 2 大匙油，放下蝦仁、過油炒至蝦仁已變色，約有 9 分熟，
   盛出。
2. 再加約 1 大匙油（或奶油）到鍋中，炒香洋蔥和洋菇。洋蔥有香氣後，
   放下麵粉炒至微黃，再下清湯攪勻，加鹽調味。最後拌入鮮奶油攪勻。
3. 將蝦仁和青豆放入奶油糊中拌勻，再將它淋在白飯上（白飯先盛在烤
   碗中），表面撒上披薩起司絲和起司粉。
4. 也可以打一個蛋做成蛋炒飯，調味並撒下蔥花炒勻，再放入烤碗中來
   焗烤。

⚫ Notes |

1. 油炒麵粉做成奶油糊是西餐焗烤類菜式或濃湯常用的做法，重點是麵
   粉要炒香、炒透，加清湯入鍋時要攪勻，不能有小疙瘩，用打蛋器攪
   拌比較容易攪勻，比鍋鏟好用。
2. 鮮奶油要買動物性的，也就是盒面上有 UHT 字樣的比較香。

香腸炒飯
餐桌飄台味

● 備食材

香腸 2 支、豌豆片 6 ～ 7 片
白飯 2 碗、蛋 1 ～ 2 個、碎
蔥花少許

● 準備好

香腸放入碗中盛裝,再放入電鍋中,加 1 杯水在外鍋,
將香腸蒸熟後取出,放涼後再切成片。

● 調好味

鹽 1/4 茶匙、胡椒粉少許

● 開始做

1. 起油鍋加熱 1 大匙油,放下香腸煎一下,再加入豌
   豆片(摘去兩端、再斜切成兩片)炒熟。
2. 冷白飯要記得先把飯分散開,再放入鍋中同炒,小
   火慢慢地把飯炒熱,撒下鹽和胡椒粉,最後撒下蔥
   花、再淋下打散的蛋汁,邊淋邊炒,以大火炒到蛋
   汁凝固便可關火。

● Notes |

香腸先蒸熟比較好切片、切得整齊,也容易控制熟度。

茄汁炒飯
小朋友的最愛

🔘 備食材

絞肉 2 大匙、洋蔥丁 2 大匙
洋菇 3 ～ 4 粒、冷凍青豆 1
大匙、白飯 2 碗

⚫ 準備好

起油鍋，用 1 大匙油炒香洋蔥丁。

🔘 調好味

番茄醬 2 大匙、鹽 1/3 茶匙
糖 1/4 茶匙、白胡椒粉少許

⚫ 開始做

1. 將炒香後的洋蔥丁，加入絞肉炒熟，炒到絞肉
   變色、出油。
2. 繼續加入洋菇炒軟，再加入番茄醬和其他調味
   料炒勻。
3. 放下白飯拌炒，把番茄醬的顏色炒均勻，加入
   青豆，再炒熱即可。

⚫ Notes |

在超級市場買到冷凍青豆仁，從冰箱拿出來使用前，可先沖一下水去冰備用，非常方便。

火腿蛋炒飯
善用火腿

● 備食材

火腿丁 2 大匙、蛋 2 個
冷凍青豆或四季豆丁 1
大匙、白飯 2 碗、蔥花
1 大匙

● 準備好

1. 蛋打散,鍋中燒熱 2 大匙油,放入蛋汁,快
   速攪動鍋鏟,使蛋汁凝結成較小的碎片狀。
2. 盛出蛋,再加少量的油在鍋中,放下蔥花和火
   腿丁炒香後備用。

● 調好味

鹽適量、胡椒粉少許

● 開始做

把白飯放入鍋中炒勻,撒適量的鹽(約 1/3 茶匙)
和胡椒粉炒勻,起鍋前可以再撒一點蔥花增加香
氣。

● Notes |

炒冷的飯時,要先把飯弄鬆開再下鍋炒,火要小一些,把飯慢慢炒熱;如果是剛煮好的
熱飯就要用大火,把飯中的水氣炒散,飯才鬆爽,但是最主要的就是飯不能煮得太軟。

番茄牛肉燴飯
外食族補充營養

● 備食材

牛肉 150 公克、番茄 2 個、小白菜 150 公克（切約 4 公分段、葉子窄一點）、蔥 2 支（切段）白飯 2 碗

● 調好味

(1) 醬油 2 茶匙、太白粉 1 茶匙 水 1 大匙

(2) 番茄醬 1 大匙、醬油 1/2 大匙、糖 1/4 茶匙、鹽適量、水 1 1/2 杯、太白粉水 1 大匙、麻油少許

● 準備好

1. 牛肉逆著紋路切片後，先將調味料 (1) 調勻，再將牛肉放進去抓勻，醃 30 分鐘以上。
2. 番茄切成小塊；蔥切段。

● 開始做

1. 鍋燒熱，用 3 大匙油先炒牛肉，到 8 分熟時，撈出牛肉。
2. 用鍋中剩的油來炒蔥段和番茄塊，淋下番茄醬和醬油炒一下，再加糖、鹽和水小火煮約 1 分鐘，加入牛肉和小白菜段拌勻，以太白粉水勾芡，滴下麻油後關火，澆在熱白飯上。

● Notes |

1. 可以用開水先把番茄燙一下，剝皮再切塊。
2. 8 分熟的牛肉還帶有一些生、一點點紅紅的，因為最後還要煮一下，所以不能全炒熟。

PART 4

簡易麵食

在廚房裡，麵粉是非常好的素材，
家裡只要常備麵粉，就可以用來做餅皮、鬆餅、麵包。
從早到晚，一天三餐外加消夜，都能藉著麵粉，玩出許多料理變化來。

蔬菜煎餅
快手做煎餅

● 備食材

絞肉 2 大匙、新鮮香菇 4 朵
洋蔥 1/6 個

麵糊：麵粉 1 杯、蛋 1 個
水約 3/4 杯、鹽 1/4 茶匙

● 調好味

鹽 1/2 茶匙

● 準備好

1. 準備在一個塑膠杯中打散一個蛋，加入一半量的
   水、鹽和麵粉，先把麵粉攪勻調成濃糊，再慢慢
   加入剩餘的水，做成麵糊。
2. 把麵糊調稀，最好放置 5 ～ 10 分鐘。

● 開始做

1. 鮮香菇和洋蔥分別切成小片，用 1 大匙油先炒一
   下洋蔥，再加入絞肉和香菇炒熟，加 1/4 茶匙鹽
   調味，炒勻後倒入麵糊中拌攪均勻。
2. 鍋中加熱 1 大匙油，倒下一半量的麵糊，小火煎
   熟，翻面再煎，如果喜歡焦黃一點，最後再開大
   一點的火、加一點油再煎一下。

● Notes |

麵糊不要調得太稀，以免麵糊和配料分離。

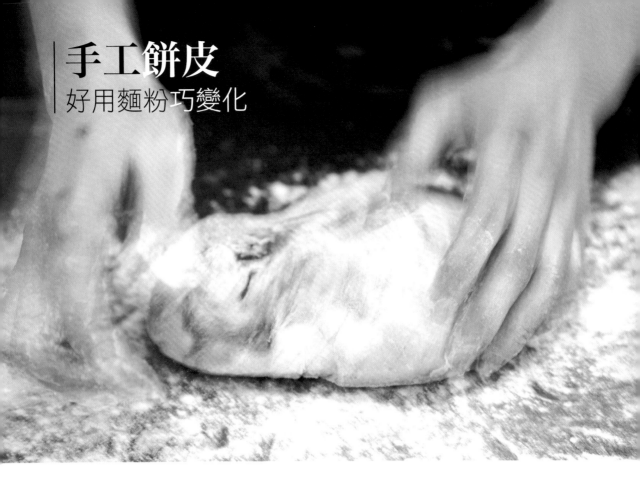

手工餅皮
好用麵粉巧變化

◐ 備食材

蛋 1 個、麵粉 1 杯、水 1 杯、太白粉 1 大匙

◑ 調好味

鹽少許

● 準備好

準備一個容器,打散一個蛋,加入 1/3 杯水、麵粉與適量的鹽。

● 開始做

1. 先把麵粉攪勻,調成均勻的濃糊,再慢慢加入約 1/2 杯的水,把麵糊調稀。
2. 最好放 10 分鐘以上,讓麵糊滑順易於使用。

● Notes |

在高的杯碗裡調麵糊比較好攪動,先少放一點水,麵粉較容易調勻,不會有小疙瘩,調勻後再加水調到適當的濃稠度,麵粉最好用篩子先篩過,比較容易攪勻。

韓國泡菜海鮮煎餅
泡菜汁加味

◉ 備食材

韓國泡菜 1/2 杯、蝦仁 6 ～ 8 隻、新鮮魷魚 1/2 條

麵糊：蛋 1 個、麵粉 1 杯、糯米粉 1/3 杯、水 3/4 杯

◉ 調好味

鹽少許

◉ 準備好

1. 將泡菜的汁略為擠乾，切成絲；蝦仁擦乾水分；魷魚切圈。
2. 蛋打散，依照第 100 頁方法調成麵糊，再將泡菜放入麵糊拌勻。

◉ 開始做

1. 起油鍋用約 2 大匙油將蝦仁和魷魚炒熟，盛出一半，再把一半量的麵糊淋到鍋中。
2. 旋轉鍋子，使麵糊轉成圓形、蓋住海鮮料，以中小火煎熟，翻面再煎，翻面後可以再加入 1 大匙油來煎，使餅較脆。
3. 可做成兩張餅，將餅切成小塊即可。

◉ Notes |

1. 泡菜湯汁調入麵糊中，由於泡菜已有鹹度不需要再加鹽。
2. 若有糯米粉，可加入麵糊中，口感較滑軟。
3. 餅的配料可依個人喜好而定，改加如青椒、洋蔥、鮮香菇等蔬菜類也行。

胡瓜淋餅
菜軟的捲餅

🔵 備食材

香菇 3 朵、絞肉 2 大匙、胡瓜 1/2 個、蔥花 1 大匙

麵糊： 蛋 1 個、麵粉 1 杯、鹽 1/4 茶匙、太白粉 1 大匙、水 1 杯左右

⚪ 調好味

醬油 1/2 大匙、鹽 1/3 茶匙、胡椒粉少許、麻油 1/4 茶匙、太白粉水適量

⚫ 準備好

1. 香菇泡軟，切成細絲；胡瓜刨皮後切成絲。
2. 依照第 100 頁方法把麵糊調好、放置 10 分鐘。

⚫ 開始做

1. 鍋中熱油 1 大匙，放入絞肉、香菇和蔥花同炒，炒至絞肉變色，香氣透出。
2. 加入胡瓜後繼續炒，見胡瓜微軟，淋下醬油、水 1/2 杯和鹽，蓋上鍋蓋，小火煮至胡瓜夠軟。加入胡椒粉和麻油，再以太白粉水勾芡。盛出放涼。
3. 鍋中用紙巾塗油，淋下麵糊，轉動鍋子，做成淋餅皮。把胡瓜餡料包入餅皮中，封口處塗上一些麵糊，做成淋餅。
4. 鍋中再燒熱約 1/2 大匙油，放下淋餅再煎至外表微黃、有焦痕。

🔴 Notes |

淋餅的麵糊要調得比較稀，且調好後一定要放置 10 分鐘以上才能薄軟有彈性。

培根生菜蛋餅
簡單易料理

⬤ 備食材

蛋餅皮 2 張、蛋 2 個、培根 3 片、生菜絲 1 杯

⬤ 準備好

培根切小片。

⬤ 調好味

番茄醬、甜辣醬或辣椒醬

⬤ 開始做

1. 在鍋中放 1 茶匙油,把培根片以小火煎至出油、散發香氣。
2. 打入 1 個蛋,用筷子略攪散,趁蛋汁未凝結時,蓋上一張蛋餅皮,用鏟子壓一下。
3. 將蛋餅翻面,撒上生菜絲,捲起來再煎一下。切段裝盤。

⬤ Notes |

喜歡披薩起司的味道的話,可在撒生菜之前先撒起司,小火煎烘至起司融化,再撒上生菜捲起。

生煎水餃
冷凍餃新吃法

● 備食材

冷凍水餃 12 個

● 準備好

準備一杯水，水中加 1/2 茶匙麻油和 1/2 茶匙醋，放置備用。

● 調好味

麻油 1/2 茶匙、醋 1/2 茶匙

● 開始做

1. 鍋中加熱 1 大匙油，把冷凍餃子排入鍋中。
2. 先用大火煎黃水餃底面，加入備用有麻油、有醋的水，蓋上鍋蓋，煎至水分收乾。
3. 沿著鍋邊淋下 1 大匙油，再煎約半分鐘，蓋上一個盤子，將煎餃翻出鍋子至盤子上。

● Notes |

1. 水餃不要解凍，鍋中水煮滾後直接下鍋煮。煮滾後改中小火，以免外皮滾爛了、內餡還不熟。
2. 水滾後加冷水降溫，加冷水的次數要比生鮮的多 1 次；餡料多、較大的餃子要加 3 次水，第 4 次煮開時就差不多熟了。

香蕉鬆餅
簡易的好料

🫧 備食材

香蕉 2 支

鬆餅：蛋 2 個、糖 1 大匙
牛奶 2/3 杯、油 2 大匙
低筋麵粉 1.5 杯、泡打粉
2 茶匙

🫧 調好味

糖 2 大匙、檸檬汁 1 茶匙
肉桂粉適量

⚫ 準備好

將鬆餅的材料調成糊狀，做成麵糊。

⚫ 開始做

1. 香蕉切成片，留幾片備用，其餘放入小鍋內，加
   入 1 杯水和糖，中火煮 1 分鐘到略呈濃稠狀，關
   火加入檸檬汁和肉桂粉。
2. 平底不沾鍋先燒熱，塗上少許油，倒下 1/2 杯左
   右麵糊、小火煎製餅上起小泡，約 2 分鐘。
3. 將香蕉片排在餅上，翻面再煎 1 ～ 2 分鐘便可盛
   出裝盤，淋上香蕉糖漿，或者附上糖漿、蜂蜜或
   奶油也可。

⚫ Notes |

1. 若不想自己調鬆餅粉，也可以到超市買現成的，再加水或牛奶調成糊狀。
2. 準備適量烤過的核桃可做核桃鬆餅，把核桃丁拌入麵糊中，用同樣的方法煎成鬆餅。
3. 也可用其他堅果或巧克力來變化口味。

培根芽菜蛋餅
健康好口味

🔘 備食材

蛋 3 個、培根 4 片、苜蓿
芽 1 杯、生菜絲 1 杯、起
司絲 3 大匙、蛋餅皮 2 張

⚫ 準備好

培根切小片。

🔘 調好味

鹽適量，番茄醬、甜辣醬
或 Tabasco 辣椒醬

⚫ 開始做

1. 在鍋中放 1 茶匙油，把培根片以小火煎至出油、散
   發香氣後，盛出一半。
2. 蛋加少許鹽打散，倒下一半的蛋汁到培根中，用筷
   子略攪動蛋汁，趁蛋汁未凝結時，蓋上一張蛋餅皮，
   用鏟子壓一下。
3. 將蛋餅翻面，撒上起司絲、生菜絲和苜蓿芽，捲起
   蛋餅，把接口處再煎一下。切段裝盤。

⚫ Notes |

可以附上喜歡的淋醬沾食。

雞肉可麗餅
薄酥料實在

🔘 備食材

可麗餅皮：蛋 2 個、鮮奶 1.5 杯
低筋麵粉 2 杯、鹽 1/5 茶匙

內餡：雞胸肉 100 公克、菠菜
100 公克、玉米粒 3 大匙、洋
蔥絲 1/2 杯、起司絲 3 大匙、
油 1 大匙、奶油 1 大匙

🔘 調好味

鹽 1/3 茶匙、胡椒粉少許

⚫ 準備好

1. 蛋打散，再加入 1/2 杯牛奶，先和篩過的麵粉和
   鹽調勻，再慢慢放入其餘的牛奶，調成稀麵糊
   （太乾時可酌量再加一些水），放置 20 分鐘以上。
2. 雞胸肉切成條， 菠菜切 3 公分。

⚫ 開始做

1. 鍋中加入 1 大匙油和奶油，炒軟洋蔥後，加入雞
   肉，淋下 2 大匙的水、鹽和胡椒，把雞肉炒熟，
   加入菠菜一拌就關火。
2. 取另一只鍋塗少許油，淋下麵糊，做成圓餅皮，
   煎熟後取出。
3. 餅皮上放起司絲，再放上炒好的雞肉餡料和玉米
   粒，包捲起來，塗少許麵糊封口，再煎一下封口、
   煎黃餅皮即可。

⚫ Notes |

倒入麵糊的時候，要從鍋子的中心點開始均勻倒入，不可以太厚，這樣餅皮才會帶有平整且酥
脆的口感。

羅宋湯義麵
食尚好滋味

⬤ 備食材

番茄蔬菜湯罐頭 1 罐、馬鈴薯 1 小顆、胡蘿蔔 1/2 支、西芹 1 支、義大利麵 80 公克

⬤ 準備好

馬鈴薯和胡蘿蔔分別削皮、切塊；西芹削除老筋，切成段。

⬤ 調好味

鹽適量、胡椒粉少許

⬤ 開始做

1. 把番茄蔬菜湯倒入小鍋中，加入 2 倍的水和馬鈴薯、胡蘿蔔、西芹。
2. 把義大利麵折短之後也放入湯鍋中，以大火煮滾後蓋上鍋蓋，改以小火煮 10 分鐘左右。
3. 試一下麵條的軟硬度，加鹽和胡椒粉調味即可。

⬤ Notes |

1. 煮義大利麵較費時，可以一次多煮一些，再分裝冷藏著。
2. 義大利麵條煮至 7 ～ 8 分熟，（略感到麵條會黏牙、略有生味），撈出麵條，瀝乾水分，並倒入餐盤中，拌入少許橄欖油，把麵條撥散開、待其自然冷卻後裝入保鮮盒中。

蒜片辣椒義大利麵
蒜香辣椒巧搭配

🔵 備食材

大蒜 4 粒、紅辣椒 2 支
義大利麵 100 公克

⚫ 準備好

1. 大蒜切片；紅辣椒切圈。
2. 鍋中煮滾 7 杯水，加入鹽 1/2 茶匙和油 1/2 大匙，
   放下義大利麵麵條，先用大火煮滾後改以中火煮
   至熟，約 10 ～ 12 分鐘，視個人喜好和麵條品牌
   而定。

🔵 調好味

清湯 或 水 3 大匙、鹽
1/3 茶匙、胡椒粉和辣
椒粉各少許

⚫ 開始做

1. 鍋中放入 1 大匙橄欖油和大蒜片，以小火炒至略
   有焦黃時，放入紅辣椒圈，待有香氣時，淋下清
   湯，再加鹽和胡椒粉調味。
2. 放入煮好的麵條拌炒，待湯汁將收乾時，關火，
   可再撒下一些辣椒粉，裝盤。

🔴 Notes |

如果用煮好、冷藏的義大利麵條，最好先用滾水先燙煮一下，瀝乾水分再來快速拌炒。

奶油鮮蔬管麵
難忘奶油醬香

🔘 備食材

鴻喜菇 1/2 盒、紅甜椒 1/3 個、西芹
1 支、義大利通心麵 50 公克、奶油
1 茶匙、Parmesan 起司粉適量

⚫ 準備好

1. 鴻喜菇沖洗一下，切去根部；紅甜椒切粗條；
   西芹撕去老筋後切條。
2. 鍋中煮滾 5 杯水，加入少許鹽和油，放下通心
   麵，大火煮滾後改以中小火煮至 8 分熟，撈出，
   瀝乾水分。放下西芹也燙一下。

🔘 調好味

鮮奶油 2 大匙、鹽適量、清湯或水
3 ～ 4 大匙

⚫ 開始做

1. 鍋中將橄欖油和鴻喜菇一起加熱，炒至香氣透
   出，加入西芹和紅甜椒，並加鹽調味，再加入
   清湯。
2. 煮滾後放入通心粉拌勻，再加入奶油和鮮奶油，
   大火拌炒至汁濃稠，裝盤後撒下起司粉。

⚫ Notes |

1. 如果有罐頭的奶油蘑菇湯，可以用 2 ～ 3 大匙來做奶油糊（加入 2 倍量的鮮奶調稀再煮）。
2. 可以用咖啡奶球或鮮奶代替鮮奶油。

咖哩肉片拌河粉
色香的美味

🔵 備食材

火鍋豬肉片 100 公克、黃瓜 1/2 條
紅甜椒 1/4 個、乾河粉 40 公克、洋
蔥絲少許

🔵 調好味

咖哩塊 1 塊、鹽適量

醃料：醬油 1 茶匙、水 1 大匙、太
白粉 1 茶匙

⚫ 準備好

1. 豬肉片用醃料拌勻，醃 10 分鐘。
2. 黃瓜切片；紅甜椒切條；河粉用水泡軟。

⚫ 開始做

1. 鍋中煮滾 5 杯水，將河粉放入滾水中燙
   軟，立刻撈出，放入碗中。
2. 拿一只炒鍋，放入 1 大匙油把洋蔥絲炒
   香，加入水 2/3 杯，煮滾後放下肉片。
3. 待肉片 8 分熟時，加入咖哩塊切碎、黃瓜
   和紅甜椒，再煮至咖哩塊融化，可加少許
   鹽調味，全部倒入河粉中拌勻。吃時可再
   拌些生的洋蔥絲 (用冷水先泡一下)。

⚫ Notes |

生吃洋蔥最能保留洋蔥的營養素，把洋蔥切絲後放入冷水泡一下，可減少辛辣味，使洋蔥的
口感更脆更鮮甜。

東蔭功鮮蝦小寬粉
家庭泰式美味

🔘 備食材

蝦子 6 隻、魚板 6～7 片、乾豆皮 3～4 個、西芹 1/2 支、小寬粉 2 小把
東蔭功湯塊 1～2 塊（或東蔭功醬 2 大匙）

🔘 調好味

鹽適量、胡椒粉少許

⚫ 準備好

蝦子抽腸沙；西芹切段；乾豆皮泡熱水；小寬粉泡溫水至軟。

⚫ 開始做

1. 鍋中放水 3 杯，煮開後放下東蔭功湯塊，依個人口味，可用 1 或 2 塊。
2. 煮滾後，放下豆皮、西芹和寬粉，再一滾即加入蝦子和魚板，可略加
   鹽和胡椒粉調味，盛出裝碗。

⚫ Notes |

超市販售的東蔭功有兩種，一種是乾燥的湯塊，此外也有用瓶裝的東蔭功
醬 (Tom-Yum Paste)，對水就能煮出東蔭功湯頭，味道還不錯。

酸辣麻醬拌麵
超濃夠嗆

🔘 備食材

細麵條 150 公克或乾麵條 1 小把
白芝麻 1 大匙、蔥 1 支

⚫ 準備好

芝麻醬放碗中,慢慢加水攪拌、調勻,再加
入其它調味料調好。

🔘 調好味

芝麻醬 1/2 大匙、水 2 大匙、醬
油 1 1/2 大匙、醋 1/2 大匙、鹽
1/4 茶匙、麻油 1/2 茶匙、辣油
1/2 茶匙

⚫ 開始做

1. 鍋中煮滾 5 杯水,放入麵條煮滾,加入 1 杯
   冷水、再煮滾,見麵條已浮起,撈出放入碗
   中,趁熱拌勻。.
2. 放上蔥花和炒過的白芝麻即可。

⚫ Notes |

1. 芝麻醬中加一點花生醬一起調勻,可以增加香氣。
2. 麵條裝碗後還會吸水、膨脹,因此醬料要調稀一點,以免吃時太乾。
3. 新鮮麵條、冷凍的或乾燥麵條煮的時間都不同,新鮮的容易煮熟。煮冷凍或乾燥的麵條
   時,火要小一點、煮久一點,通常等麵條浮起來就可以嘗試一下是否熟了。

蔥開煨麵
蝦米加蔥香

🔘 備食材

蝦米 40 公克、蔥 6 支
細麵條 200 公克

⚫ 準備好

1. 蝦米沖洗乾淨，用水泡軟，摘去頭和腳的硬殼。
2. 蔥切成 5 公分長段。

🔘 調好味

酒 1 大匙、醬油 1 茶匙
鹽適量

⚫ 開始做

1. 炒鍋中熱油 3 大匙，放入蝦米先爆香，再放入蔥段，煎炒至蔥段有焦痕且有香氣。
2. 淋下酒及醬油，再加水 5 杯，大火煮滾後以小火燜煮 10 ～ 15 分鐘，加鹽調味。
3. 麵條用滾水燙煮至再滾後撈出，在冷水中涮一下，再放入湯汁中一起煨煮至麵條夠軟且入味即可。

⚫ Notes |

蝦米是很好的增鮮材料，用不同的蝦曬乾製成的，因此蝦米的鮮味有很大差別，小的要多用一點。另外還有櫻花蝦乾也很鮮，小的蝦皮鮮味也不錯，都是值得儲存的小乾貨。

蘿蔔米粉湯
清淡甜滋味

⬤ 備食材

半土雞腿 1 支、小貢丸 2 粒、花枝丸 1 粒、白蘿蔔 200 公克、粗米粉
100 公克、 蔥 1 支、薑 2 片、紅蔥酥 2 大匙

⬤ 調好味

酒 1 大匙、鹽 1 茶匙、胡椒粉 1/4 茶匙

⬤ 準備好

1. 雞腿由關節處分成兩段，用熱水將雞腿燙一下，再放入 4 杯滾水中，
   加蔥、薑和酒煮滾，改小火再煮 40 ～ 45 分鐘。
2. 雞腿取出、抹少許鹽，放涼後剁成塊，做成白切雞。
3. 米粉以溫水泡至軟；白蘿蔔削皮、切成粗條；貢丸切十字刀口；花
   枝丸切成兩半。

⬤ 開始做

將白蘿蔔、貢丸和花枝丸放入雞湯中，再煮 5 分鐘後放入米粉和紅蔥
酥，將米粉煮至夠軟，加鹽和胡椒粉調味。

⬤ Notes ｜

想要雞湯濃一點，可以加 1 ～ 2 個雞骨架同煮。

牛肉方便麵
吃泡麵也講究

🍚 備食材

牛肉泡麵 1 包、蛋 1 個、小白菜
或菠菜等蔬菜 1 小把

● 準備好

1. 將蛋先打入碗中。
2. 小白菜洗淨，切段。

🍚 調好味

泡麵內附有調味包

● 開始做

1. 小鍋中煮滾 3 ～ 4 杯水，用湯杓在水中畫
   圓圈，使水產生漩渦狀，將碗中的蛋倒入
   鍋中，改小火煮至蛋凝固，取出。
2. 把水倒掉一部分，尤其是因蛋白而產生的
   白泡沫，放入麵體，並用筷子挑散開。
3. 加入調味包和牛肉包，放下小白菜段，再
   煮一滾，裝碗後放下水煮荷包蛋。

● Notes |

1. 速食麵中加青菜，是最基本的營養均衡方法。
2. 煮蛋時水要多一些，放蛋時改為小火，水不要大滾，煮的蛋才漂亮。煮泡麵時可以用同
   樣的水，但水量要減少。

辣醬蛋片三明治
水煮蛋新吃法

● 備食材

蛋 2 個、番茄 1 個、生菜葉 2 片
麵包 1 個

● 準備好

1. 鍋中放冷水 4 杯和鹽 1/2 茶匙，放入蛋，煮滾後改小火煮 10 分鐘，取出泡冷水，剝去蛋殼，切成片。
2. 番茄切片；生菜切條；調味料調勻。

● 調好味

辣椒醬 1 茶匙、淡色醬油 2 茶匙
麻油 1/4 茶匙

● 開始做

麵包上塗少許調勻的辣椒醬，放上生菜絲、番茄和蛋片，再淋上辣椒醬。

● Notes |

用饅頭或土司麵包、蛋餅來夾也很好吃。

海鮮巧達湯 & 香蒜麵包
巧搭麵包巧變化

🔵 備食材

魚肉 1/2 片、蝦仁 6 ～ 8 隻
馬鈴薯 1 小個、蛤蜊濃湯 1
小罐、麵包 3 ～ 4 片、大
蒜 2 粒

⚫ 準備好

1. 魚肉切丁;蝦仁一切為二,兩種一起放碗中,
   加醃料拌勻。
2. 馬鈴薯切成小丁,放入 2 杯水中煮軟,撈出
   馬鈴薯。
3. 把魚肉和蝦仁放入水中燙煮一下,熟後撈出。

🔵 調好味

鹽 1/4 茶匙、太白粉 1 茶匙

⚫ 開始做

罐頭蛤蜊濃湯加等量的水和馬鈴薯一起煮滾,再
加入海鮮料,一滾即可裝盤,撒少許胡椒粉或巴
西里末。

⚫ Notes |

1. 大蒜磨成泥,拌入室溫融化的奶油中,再加少許鹽,塗在麵包上,放入烤箱中烤微微焦黃。
2. 新鮮大蒜泥的香氣較足,用瓶裝的大蒜粉則差一點,可以撒一些 Parmesan 起司粉一起烤。

蛤蜊巧達麵包湯盅
濃稠人氣湯品

🔵 備食材

馬鈴薯 1 小個、蛤蜊 15 個
圓法國麵包 2 個、蛤蜊濃
湯 1 罐

⚫ 準備好

1. 蛤蜊加水 2 杯煮至開口，肉剝出，涼後切小，
   湯汁留用。
2. 馬鈴薯切成小丁，放入蛤蜊湯汁中，加蓋煮至
   軟，湯不夠時可再加水。
3. 把罐頭蛤蜊濃湯加入馬鈴薯湯中攪勻，加入蛤
   蜊肉，再加鹽和胡椒粉調味。

🔵 調好味

鹽、胡椒粉適量

⚫ 開始做

1. 法國麵包切下頂部，挖出中間的麵包，放入烤
   箱中再烤至喜愛的脆度。
2. 裝入蛤蜊濃湯，撒一些蝦夷蔥末或巴西里末。

⚫ Notes |

把罐頭的濃湯中再加些蛤蜊肉和馬鈴薯丁，可以讓美味加分。

燻鮭魚水波蛋
地中海風飲食

◎ 備食材

蛋 2 個、燻鮭魚 4 片、瑪芬麵包 2 個

◎ 調好味

白醋 1 茶匙、荷蘭醬適量

● 準備好

1. 取一個大鍋，放進水和白醋一起煮滾，水滾後深度超過 5 公分以上時，改成小火使水微微滾動。
2. 將蛋整顆打入小碗中，再快速倒入水裡，把 2 個蛋都倒入水中，以小火煮 3 分鐘左右至蛋白已凝結，蛋黃未凝固。用細網撈出，放紙巾上吸去水分。
3. 可自製荷蘭醬。做法是混合蛋黃 1 個、白酒或水 2 大匙，檸檬汁 2 茶匙、鹽和胡椒各少許，隔水加熱，用打蛋器打發，再加入約 2 大匙溫熱的奶油，再打勻即成。

● 開始做

1. 將瑪芬麵包橫切開，放入烤箱中烤黃，取出。
2. 瑪芬麵包放在餐盤上，上面陸續放上燻鮭魚、水波蛋，淋上荷蘭醬即成。

● Notes |

若家中有匈牙利紅椒粉，或其他喜愛的調味醬，也可取代荷蘭醬。另外還可搭配新鮮水果。

法式土司
高人氣麵包

● 備食材

蛋 1 個、鮮奶 1/3 杯
土司麵包 3 片

● 準備好

土司麵包去硬邊,橫切成兩片或長條、或對切成三角形。

● 調好味

白糖、糖漿或蜂蜜

● 開始做

1. 蛋打散,加入鮮奶調勻。
2. 麵包沾蛋汁,用 8 分熱的油,以中火煎黃兩面即可。
3. 可沾白糖、糖漿或蜂蜜食用。

● Notes |

可搭配水果燕麥牛奶,更豐富營養。將燕麥片水煮,再拿香蕉、蘋果去皮切片。碗中依序放入鮮奶、燕麥片、香蕉、蘋果,撒上葡萄乾,搭配法式吐司最好。

洋菇漢堡排
菇香好飽足

🔘 備食材

絞牛肉 250 公克、生菜葉 2 片、番
茄片 4 片、洋蔥 1/4 個 (切絲)、洋
菇 8 ～ 10 粒 (切片)、酸黃瓜適量、
漢堡麵包 2 個

🔘 調好味

鹽 1/2 茶匙、胡椒粉少許、番茄醬
A1 牛排醬、美乃滋各適量

⚫ Notes ∣

附番茄和酸黃瓜片上桌，增添清爽口感。

⚫ 準備好

1. 絞牛肉中加少許鹽和胡椒粉調味，抓拌
   均勻，摔打數下，分成兩份做成圓肉餅。
2. 鍋中用 2 大匙油把洋蔥絲炒軟，加入洋
   菇片再炒香 (炒時可再加入 1 大匙奶油)，
   加鹽和胡椒調味後盛出。

⚫ 開始做

1. 平底鍋中加熱 2 大匙油，將漢堡肉排放
   入油中，先大火煎 1 分鐘，封住血水，
   再翻面煎約 1 分鐘至表面微黃。
2. 改以小火將漢堡肉排煎至喜愛的熟度，
   可以淋下 1/4 杯水，蓋上鍋蓋來煎，使
   肉餅容易熟，或是做扁一點也可。
3. 麵包烤微黃，塗上美乃滋、放上生菜、
   做好的漢堡肉排和炒洋菇，再蓋上麵包。

海鮮厚片土司披薩
紮實柔軟又酥脆

🌑 備食材

蝦仁 3 ～ 4 隻、新鮮魷
魚 1/3 條、青椒絲各少
許、洋菇 2 粒、洋蔥絲
披薩起司 1 ～ 2 大匙

⚫ 準備好

1. 蝦仁洗淨、擦乾水分；魷魚切成圈；洋菇切片。
2. 土司麵包用剪刀剪除一些中間軟的麵包，但是底部要
   留有麵包做底。
3. 番茄醬和橄欖油及義大利香料混合，放在麵包中。
4. 再把蝦仁、魷魚、洋菇、青椒和洋蔥混合放在麵包上。

🌑 調好味

番茄醬 1 大匙、義大利
綜合香料 1 茶匙

⚫ 開始做

撒上披薩起司和 Parmesan 起司粉，放入預熱至 220℃ 的
烤箱中烤至起司融化，約 10 ～ 12 分鐘。

⚫ Notes |

用厚片吐司做出的披薩，口感紮實柔軟；喜歡酥脆口感的，也可嘗試用薄片吐司做出披薩，
口感像吃餅乾。

奶油香蒜麵包
酥脆香氣足

🔵 備食材

法式麵包 1 條、大蒜 3 粒
Parmesan 起司適量、巴西
利碎 1 茶匙

⚫ 準備好

大蒜選大粒一點的,用磨泥版磨成細泥;法國麵
包斜切成片。

🔵 調好味

鹽少許

⚫ 開始做

1. 置奶油在室溫中融化,加上大蒜泥和少許鹽
   攪勻(如奶油是含有鹽的則可不加)後,塗抹
   在麵包上。
2. 麵包上再撒上起司,烤箱預熱至 220℃,放
   入烤箱中烤至微微焦黃。
3. 取出後可以撒上一些巴西利細末。

⚫ Notes |

新鮮大蒜泥的香氣較足,用瓶裝的大蒜粉則差一點,也可以兩者併用。

PART 5

常備食材變身

冷凍蔬菜、培根、披薩起司、火腿、香腸和罐頭、乾貨，
都是家中廚房必備的配料，巧妙運用，輕鬆上手，
每個人都能做出好吃飯菜。

咖哩熱狗焗烤飯

好組合

咖哩粉＋蘑菇濃湯罐頭

備食材

熱狗 1 條、白花椰菜 4 ～ 5 朵、蘑菇濃湯罐頭 1/2 罐、白飯 1 1/2 碗
Parmesan 起司粉

調好味

咖哩粉 2 茶匙、鹽少許

準備好

粗的熱狗可以對剖再切段，細的直接切段；白花椰菜洗淨、用熱水燙
一下，瀝乾。

開始做

1. 小鍋中把 1/2 罐的濃湯和 1 杯水先攪勻，開火煮滾。加入咖哩粉再
   攪勻，攪成濃稠的糊狀。
2. 放下熱狗和白花椰菜拌勻，如有需要，可加少許鹽調味。
3. 白飯放在烤碗中，淋下咖哩糊，撒上 Parmesan 起司粉，放入已預
   熱至 220°C 的烤箱中，焗烤 10 分鐘。

Notes ｜

1. 把白花椰菜分成小朵一點就可以不用燙、直接烤。
2. 罐頭的奶油蘑菇湯可以取代油炒麵粉的麵糊，水量可自行調整，也
   可以用牛奶代替水。

咖哩雞肉飯

好組合

雞胸肉＋市售咖哩塊

備食材

雞胸肉 1 片 (約 150 公克)、洋蔥塊 1/2
杯、大蒜 1 粒、馬鈴薯 1 小個、胡蘿蔔
1 小段、咖哩塊 2 小塊、白飯 2 碗

調好味

鹽 1/4 茶匙、糖 1/4 茶匙清湯或水 1.5 杯

醃料：鹽 1/4 茶匙、水 1 大匙太白粉 1 茶匙

● 準備好

1. 雞胸肉打斜切成片，用醃雞料拌勻，
   醃 10 分鐘。
2. 馬鈴薯和胡蘿蔔分別切小塊；大蒜剁
   成末。

● 開始做

1. 用 2 大匙油炒香洋蔥塊和大蒜末，加
   入馬鈴薯和胡蘿蔔，煮 6 ～ 8 分鐘。
2. 把雞肉片放入鍋中，再加入切成小片
   的咖哩塊，攪動湯汁，使湯汁變濃稠。
3. 嘗一下味道，可加鹽或糖調整味道，
   淋在熱的白飯上。

● Notes |

咖哩塊已有鹹味和濃稠度，最後攪入即可。喜歡咖哩味道重一點，可以把咖哩塊切小丁來醃
雞肉。

雙味鬆餅

好組合

現成鬆餅＋鮪魚罐頭

備食材

鬆餅1片、罐頭鮪魚1罐、白煮
蛋1個、洋蔥末1大匙、火腿2
片、罐頭玉米粒3～4大匙

調好味

美乃滋1茶匙、鹽、胡椒粉適
量調味、額外的美乃滋或披薩
起司粉

準備好

1. 將鮪魚罐頭中的油倒掉，和切碎的白煮蛋、洋
   蔥末一起放碗中，加美乃滋、鹽及胡椒粉調拌
   均勻，放在鬆餅的兩個三角形上，再擠上一些
   美乃滋。
2. 火腿切片，加玉米粒和披薩起司拌勻，放在另
   外兩個鬆餅上，擠上美乃滋。

開始做

小烤箱預熱到220℃，放入鬆餅烤8～10分鐘，
至喜愛的脆度取出。

● Notes |

烤鬆餅前要記得烤箱要預熱後再放入鬆餅，以免麵餅因為烤太久失去水分，而變得乾硬。

夏威夷土司披薩

好組合

罐頭鳳梨＋罐頭火腿

備食材

罐頭火腿 2 片、罐頭鳳梨 2
片厚片土司麵包 1 片、披薩起
司 1～2 大匙

調好味

番茄醬 1 大匙、義大利綜合香
料 1 茶匙

● 準備好

1. 罐頭火腿切成丁；鳳梨片再改刀切小一點。
2. 土司麵包用剪刀剪除一些中間軟的麵包，但是底
   部要留有麵包。
3. 在底部塗上番茄醬，撒上一些義大利香料，再放
   上火腿和鳳梨，撒上披薩起司。

● 開始做

烤箱預熱至 220℃，放入披薩烤至起司融化，約
10～12 分鐘，吃時可以再撒上一些 Parmesan 起司粉。

● Notes |

番茄醬和披薩起司不可放太多，避免太鹹。

雙豆土司

好組合

土司麵包＋罐頭黃豆

● 備食材

罐頭黃豆 1/2 罐（約 1 杯）、青豆
2 大匙、土司麵包 2 片

● 調好味

Parmesan 起司粉適量

● 準備好

把罐頭黃豆連湯汁一起倒入小鍋中，煮至濃
稠。放入青豆拌勻。

● 開始做

土司麵包烤至微黃，放上豆子，再烤一下使豆
子香氣透出。

● Notes |

吃時可以撒上些 Parmesan 起司粉，或者在烤之前撒一些披薩起司或放一片起司一起烤。

奶油蝦仁薄餅

好組合
麵粉餅皮＋罐頭奶油蘑菇湯

● 備食材
蝦仁 5 ～ 6 隻、洋菇 6 粒、奶油蘑菇湯罐頭 1/3 罐（約 3 大匙）、洋蔥丁 2 大匙

餅皮： 雞蛋 1 個、麵粉 1 杯、水 1 又 1/4 杯、鹽少許

● 調好味
鹽、胡椒粉適量

● 準備好
1. 若是採買到體型較大的蝦仁，可以切成 2 ～ 3 段，用少許太白粉抓拌一下。
2. 洋菇一切為二或四；奶油蘑菇湯罐頭加水 3 大匙調稀備用。

● 開始做
1. 鍋中用 1 大匙油炒香洋蔥丁和洋菇，再放下蝦仁續炒至蝦仁已熟，打開奶油蘑菇湯罐頭倒入煮成濃稠狀，可加適量鹽和胡椒粉調味。
2. 將餅皮料調勻，放 10 分鐘後再做，鍋中塗少許油，倒下麵糊，快速轉動鍋子，做成一張薄餅皮。
3. 將蝦仁料包入餅皮中，包好後再淋上一些奶油醬汁在上面，撒上少許蔥花或羅勒等香草料。

● Notes |
如果不諳廚藝，就要學會善用現成品或罐頭食品，像西式的奶油蘑菇湯就很好用，可以替代做奶油醬，也可以用來做薄餅的餡兒。

火腿蛋三明治

好組合

土司麵包＋罐頭火腿肉

備食材

火腿肉 1 片、蛋 2 個、土司麵包
3 片、黃瓜 1/2 條、美乃滋或奶
油適量

調好味

鹽 1/4 茶匙

● 準備好

1. 蛋加鹽打散，加約 2 大匙的水再攪勻。
2. 鍋中將 2 大匙油燒熱，搖動鍋子、使鍋中沾滿
   油，再倒出多餘的油。倒下一半量的蛋汁，慢
   慢轉動鍋子，使蛋汁轉成圓形，趁蛋汁還未凝
   結時，將蛋皮的四邊折向中間，成為方形蛋皮。
3. 用鍋中餘油把火腿煎一下。

● 開始做

1. 土司麵包略烤熱、切去硬邊，塗上美乃滋或奶
   油，放上一片火腿、一些黃瓜絲、再蓋上麵包、
   蛋皮和麵包。
2. 切成長方形或三角形。

● Notes |

罐頭火腿肉很方便，但味道較鹹，切薄一點、或多加一片麵包，要不然蛋裡少加一點鹽都有
助降低鹹味。

酥皮蘑菇湯

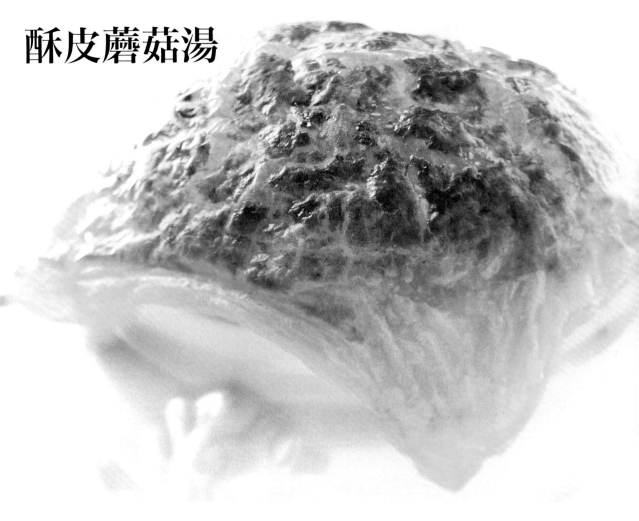

好組合

菇類＋酥皮

調好味

鹽 1/2 茶匙、胡椒粉適量

備食材

洋菇 7 ～ 8 粒、袖珍菇 3 ～ 4 朵
新鮮香菇 2 ～ 3 朵、紅蔥頭 2 粒
奶油 1 大匙、麵粉 4 大匙、清湯
3 杯、酥皮 2 張、蛋 1 個

準備好

1. 將 2 粒紅蔥頭去皮、切片。
2. 三種菇類快速洗淨再以紙巾擦乾，切成片。

開始做

1. 將菇類切片放在乾鍋中炒香，炒至微有焦痕，加入 2 杯清湯（或水）煮滾。
2. 用 1 大匙油炒香紅蔥片，倒入鮮菇湯一起煮 3 分鐘，放涼一點後放入果汁機中打碎，倒入烤碗中。
3. 烤碗邊緣抹上一層蛋汁，蓋上酥皮，酥皮上再塗上薄薄的一層蛋汁，放入預熱 220℃ 的烤箱中，烤約 10 ～ 12 分鐘至酥皮膨脹、變酥黃，取出即可上桌。

Notes |

1. 類可先不用打碎，直接煮滾 2 ～ 3 分鐘，再做成濃湯來烤，可以吃到菇；而將菇打碎後熬煮的湯較有香氣。
2. 冷凍酥皮在超市或西點烘焙材料店中有售，方便好用。

火腿蛋貝果

好組合

貝果＋罐頭火腿肉

⬤ 備食材

罐頭火腿肉 2 片、蛋 3 個、貝果 2 個、生菜、甜椒適量、奶油乳酪 (cream cheese) 或美乃滋或奶油適量

⬤ 調好味

鹽 1/4 茶匙

⬤ 準備好

蛋加鹽打散，加約 2 大匙的水，再攪勻。

⬤ 開始做

1. 鍋中將 1 大匙油燒熱，搖動鍋子，使鍋子均勻沾到油。倒下一半量的蛋汁，慢慢搖動鍋子，使蛋汁轉成圓形，蛋汁還未凝結時，將蛋皮的四邊折向中間，成為較厚的方形蛋皮，做好兩份。
2. 用鍋中餘油把火腿兼至焦香。
3. 貝果烤熱，塗上奶油乳酪或美乃滋或奶油，放上一片蛋皮和火腿，附上生菜上桌。

⬤ Notes |

貝果也可以直接塗不同口味的塗醬，口感也一樣很好。

凱薩沙拉

好組合

罐裝鯷魚＋蘿蔓生菜

備食材

蘿蔓生菜 300 公克、小番茄 6 粒、培根 2 片、土司麵包 1 片、Parmesan 起司粉 1 大匙

調好味

蛋黃 1 個、罐裝鯷魚 2 ～ 3 條、酸豆 4 ～ 5 粒、大蒜泥 1/2 茶匙、橄欖油約 1 杯、檸檬汁 1 大匙、Tabasco 辣椒水 1/2 茶匙、黃色芥末醬 1 茶匙鹽、黑胡椒粉各適量

準備好

1. 蘿蔓生菜泡冰水冰鎮 10 分鐘，瀝乾，切成長段，小番茄切半。
2. 土司麵包切成小丁，放入烤箱，以 160℃ 慢慢烤硬且成金黃色，取出放涼。
3. 培根切絲，用少許油煎至脆，用紙巾吸乾油分。

開始做

1. 大碗先將蛋黃、鯷魚、酸豆、大蒜泥、芥末醬攪拌均勻，慢慢地加入橄欖油，邊打邊攪打成醬汁。
2. 再加入檸檬汁、辣椒水、鹽、黑胡椒粉和起司粉調味。
3. 將冰鎮過的生菜拌入醬汁中，拌勻後裝盤，再放上番茄、培根碎和土司丁，可以再撒一些起司粉。

Notes

沙拉好吃的秘訣，除了蔬果食材新鮮乾淨外，最重要是要把蔬菜「瀝乾」，讓醬汁能與蔬菜充分調和，味道不被沖淡，就不會影響口感。

鮪魚厚片

好組合

厚片土司＋油漬鮪魚罐頭

● 備食材

油漬鮪魚罐頭 1 罐、蛋 2 個
洋蔥末 1 大匙、酸豆 1/2 大
匙、美乃滋 2 大匙、厚片土
司 2 片、生菜葉數片

● 調好味

鹽、胡椒粉適量

● 準備好

1. 鮪魚罐頭中的油倒掉，鮪魚倒入碗中，用叉子搗碎。
2. 蛋放入水中煮 12 分鐘至全熟，剝殼，蛋白切碎。
3. 酸豆切碎；和洋蔥末、白煮蛋一起放入鮪魚碗中，
   再加入美乃滋和鹽、胡椒粉調味，拌均勻。

● 開始做

將厚片土司烤至喜愛的脆度，放上一葉生菜，再放上鮪
魚即可。

● Notes |

鮪魚罐頭再加料調拌，可以有多種用途，夾饅頭、蛋餅、圓麵包當內餡，都好吃。

鮪魚煎蛋三明治

好組合

土司麵包＋罐頭鮪魚

備食材

鮪魚罐頭 1 罐、土司麵包 2 片、蛋 1 個、生菜 1 片

調好味

美乃滋適量、鹽、胡椒各少許

● 準備好

鮪魚罐頭中的油倒掉，再把鮪魚壓碎一點，拌上一些美乃滋、鹽和胡椒粉。

● 開始做

1. 用少許油煎一個荷包蛋，把蛋黃戳破，蛋黃不會流出。
2. 土司麵包略烤一下，塗少許美乃滋或奶油，舖上一片生菜，再舖上鮪魚，擺上荷包蛋，再夾上麵包，斜角對切即可。

● Notes |

如果要更加美味的話，還可以將洋蔥及酸黃瓜切碎後，拌在鮪魚肉中，吃來更清爽。

鮪魚沙拉

好組合

油漬或水煮鮪魚罐頭＋生菜

● 備食材

油漬或水煮的鮪魚罐頭一罐
酸豆 1/2 大匙、美乃滋 2 大
匙、番茄 1/2 個、生菜葉 2
片、蛋 1 個、洋蔥末 1 大匙

● 調好味

鹽、胡椒粉適量

● 準備好

1. 把鮪魚罐頭中的油或汁倒掉，鮪魚倒入碗中，用
   叉子稍微壓一下。
2. 蛋煮 12 分鐘至全熟，蛋白切碎。番茄切片，酸豆
   略切碎。

● 開始做

1. 切碎的酸豆和洋蔥末、白煮蛋白一起放入鮪魚中，
   再加入美乃滋和鹽、胡椒粉調味，拌均勻。
2. 生菜葉墊底，放上鮪魚沙拉和番茄片，可以再撒
   幾粒酸豆，配上餅乾或烤麵包。

● Notes ｜

鮪魚沙拉也可以夾入麵包或可頌麵包中做成三明治。

火腿洋菇起司蛋捲

好組合

蛋＋火腿片

備食材

洋蔥丁 1/2 杯、火腿 2 片
洋菇 6 粒、蛋 6 個、披薩
起司絲 1/4 杯

調好味

鹽、胡椒粉少許

● 準備好

蛋加鹽打散；洋菇切厚片或丁；火腿切小片。

● 開始做

1. 鍋中加熱 1 大匙油炒香洋蔥和洋菇，加少許鹽、胡椒
   調味，盛出。
2. 將鍋子洗淨、燒熱，加入 2 ～ 3 大匙油，改成中小火，
   倒下一半量的蛋汁，用筷子輕輕攪動蛋汁，當蛋汁凝
   固時，把炒好的洋菇、洋蔥和火腿丁放在蛋上，再均
   勻撒上起司絲，折起蛋皮呈橄欖球狀。
3. 把蛋煎熟，裝入盤中，可淋上番茄莎莎醬，增加風味。

● Notes |

自製番茄莎莎醬的材料和步驟是：將番茄切小丁後，加入洋蔥末、紅辣椒和香菜末，再加入
檸檬汁、少許鹽和糖調味即可使用。

馬鈴薯蛋沙拉

好組合

蔬果＋美乃滋

備食材

馬鈴薯 2 個（約 400 公克）
蛋 5 個、蘋果 1 個、胡蘿
蔔 1 小段、小黃瓜 1 支、
美乃滋 4 ～ 5 大匙

調好味

鹽 1/2 茶匙、黑胡椒粉少許

準備好

1. 馬鈴薯、胡蘿蔔和蛋洗淨，放入鍋中，加水煮熟。
   先取出胡蘿蔔，約 12 分鐘時再取出蛋，馬鈴薯再
   煮至沒有硬心。
2. 胡蘿蔔切成小片；蛋切碎；馬鈴薯剝皮切成塊。
3. 黃瓜切片，用少許鹽醃五分鐘，擠乾水分，蘋果連
   皮切丁。

開始做

把所有的材料放在大碗中，加入調味料和美乃滋拌
勻，放入冰箱冰 1 小時後更可口。

Notes |

製作馬鈴薯蛋沙拉時，熟爛的馬鈴薯跟紅蘿蔔必須跟水煮蛋攪拌均勻，因此水煮蛋的蛋黃必
需全熟，這樣蛋香味可和其他配料充分混合，提升口感。

火腿起司厚片

好組合

火腿片＋披薩起司絲

備食材

火腿片 2 片、披薩起司絲 1 大匙
厚片土司 1 片

調好味

奶油適量

● 準備好

土司麵包塗少許奶油，放入烤箱烤一下。

● 開始做

放上火腿片並撒上起司，再烤至起司融化。

● Notes |

優質的起司絲，烤熱後牽的絲流暢有光澤；品質較不好的，可能有粉粉的感覺。

火腿乳酪三明治

好組合

火腿片＋乳酪

備食材

火腿 2 片、乳酪 2 片
土司麵包 4 片

調好味

奶油約 2 大匙

● 準備好

取 2 片土司，在一面先塗上奶油，放入預熱至 220℃ 的烤箱中烤至微黃。

● 開始做

1. 取出麵包，另一面也塗上奶油，2 片麵包上各放一片火腿，另外 2 片麵包上放乳酪片，再放入烤箱烤至乳酪融化、火腿有熱度。
2. 從烤箱取出麵包，將火腿和乳酪相對貼合在一起即可。

● Notes |

做三明治的乳酪種類可依個人喜好選擇，一般多以方便切片的硬質乳酪為主，如切達乳酪、蒙特里傑克乳酪、艾登乳酪、艾曼托乳酪、格魯耶爾乳酪都很適合。

廚房內的寶藏

常備食材,讓 Cooking 更輕鬆

想給補習的孩子、加班的先生,遲歸到家後,短短 20 分鐘內端上熱騰騰、暖呼呼的好吃簡餐,撫慰勞累的心,增加百分百能量。

但俗話說得好,巧婦難為無米之炊,雖說是簡單料理,但也不能無中生有。要開火做菜,家裡要存有一些材料才能隨時應變。安琪老師依據多年的烹飪經驗,為大家例舉些好用的材料,以及怎樣應用及保存它們的方法。

食材保存妙方

妙方 1：冷凍保存

為了能迅速解凍，買回來的肉類、海鮮都分成一餐用的量再放進冰箱冷凍保存。

妙方 2：冷凍庫常備好料

一些冷凍蔬菜、冷凍水餃、培根、披薩起司、火腿、香腸、高湯、滷湯，都是安琪老師放在冷凍庫的常備材料。

妙方 3：雞肉，分開冷凍

超市買一盒雞胸肉通常有 3~4 片、或雞腿有 5~6 支，換個塑膠袋，讓它們之間有些距離，再放入冷凍袋中，需要時可以很方便的拿一份來解凍。反覆冷凍又解凍的肉是很難吃的！

妙方 4：肉片，解凍容易

超市買回的肉片量不多，可以直接冷凍。肉片本身就薄、很容易解凍。肉片是很好用的主材料，至於豬肉、牛肉、雞肉則全憑個人喜愛。

妙方 5：絞肉，分成小份

絞肉是很常用到的，先把它們拍扁、再分隔成小份，折疊起來再冷凍，可以節省空間。

妙方 6：海鮮，種類繁多

除了肉類，海鮮也是很容易解凍的，喜歡海鮮的人，魚肉、蝦子、新鮮魷魚、鮮干貝、魩仔魚都是很好用的食材。

妙方 7：調味品，冷藏保存

冷藏可以延長食物的保鮮，台灣地處亞熱帶，空氣中濕度高，食物很容易發霉，許多調味品或中藥材最好都放入冷藏室保存。

變化菜單錦囊妙計

錦囊 1

預做盒菜,變化菜單

冷藏室中可以存放一些預先做好的盒菜。利用週末假日炒一些下飯的、可變化的現成菜;
或者把肉絲、肉片、蝦仁先醃上味道,放在保鮮盒中保存,醃有鹹味的肉類可以存放 72
小時(當然,先決條件是冷藏室的冷度要夠冷),那麼要炒菜時抓一點來搭配提味就方
便多了!

錦囊 2

常備醬料 & 食材

蛋、奶油、鮮奶,不用說都是要冷藏保存,另外一些調味料、醬料,在開瓶後也應該放入冰箱中,例如醬油(有特別註明的)、麻油、紅油、番茄醬、蠔油、沙茶醬、味噌、辣豆瓣醬、甜麵醬、紅蔥酥,在潮濕又炎熱的氣溫下,油脂容易變味、變質,因此烹飪用的油也可以放入冰箱中。還有像是米、麵粉,放久了都是會長蟲的,擺冷藏也比較安全。

錦囊 3

存放不易變質的蔬菜

新鮮蔬菜盡量選耐儲存的根莖類、瓜果和菇類比較不會變質。有些蔬菜放的時間久了,怕脫水會變老,可以用紙先包好、再放入抽屜中。

錦囊 4

乾貨、中藥小心保存

做菜時一些增鮮的食材,例如乾貨類中的干貝、蝦米、扁魚、香菇,都是非常有用的,前後面食譜中會提到,這些材料放冷凍或冷藏均可。一些中藥材的紅棗、枸杞、黃耆、當歸、參鬚、桂圓都怕受潮、長蟲。

錦囊 5

堅果放入冰箱保鮮

如果有核果類的核桃、松子、白果之類的,因為含有油脂,怕會有油耗味,可放在冰箱中保鮮。

錦囊 5

常溫保存乾貨、罐頭和調味品

雖說可以放在常溫中儲存,但也要避免陽光直接曬到,或長時間放在溫度較高的櫃子裡。其中許多乾貨是不必冷藏的,例如,粉絲、米粉、黑、白木耳、乾麵條都可以準備一些。

此外罐頭食品的種類非常多,是最方便存放的,例如玉米、去皮番茄、火腿、鮪魚、各種菇類、肉醬、醬瓜,中、西式食材應有盡有,不妨自己選購些喜歡的牌子放著,隨時取用。

當然要開火做菜,基本調味料是不能少的啦!雖說調味料的種類繁多,單是醬油就有數不清的品牌,但是選 1 ~ 2 瓶有不同特色的:淡色的炒菜、味濃的紅燒也就夠了;另外搭配酒、醋、鹽、糖、太白粉、番薯粉,還有香料部分:黑、白胡椒粉、八角、花椒、義大利綜合香料也都很有用。

善用廚房工具 為家人烹煮愛心餐點

在廚房為心愛家人做菜時，有漂亮又實用的鍋具作伴，讓人心情特別愉快，做料理更得心應手，做出來的菜自然特別好吃。為了讓烹飪更有效率，家庭必備廚房工具有那些呢？

量匙和量杯

這是廚房新手必備的工具，可以幫助拿捏份量，等熟練之後就可以自由發揮了。市售的量匙都是 4 支一組的，分別是：1 大匙 (也稱為湯匙)、1 茶匙 (也稱為小匙)、1/2 茶匙和 1/4 茶匙。另外電鍋中有附贈量米杯，它的容量為 180cc，不要和標準的量杯混淆。

簡易換算表 1 杯 =230cc(即毫升，為方便計算，常以 240cc 計算)
1 大匙 =15cc=3 茶匙；1 茶匙 =5cc；1 杯 =16 大匙

爐具

若家中使用瓦斯爐，最好準備有兩個或三個爐口的。國外家庭以電爐為主，也可以用瓦斯爐搭配電爐，燉煮時比較省時間，搬上桌使用也方便。此外，電磁爐也很好用，但要注意選用低電磁波的。

鍋具

炒鍋、平底鍋、湯鍋 3 類型的鍋子各有功能，可以按個人需要各選購 1 ～ 2 個。鍋子最好要有鍋蓋，燉煮時才能集中熱氣，省時、省火。

電鍋

電鍋非常實用，雖然電子鍋是後起之秀，但安琪老師的習慣使用傳統電鍋，除了煮飯，還可當蒸鍋來用，內鍋也可充當湯鍋來蒸燉湯品。當然新型的電子鍋功能選項多、用途廣，也可以自行比較選擇。

烤箱

烤箱不只是烤麵包、餅乾而已，用烤箱做菜，焗烤飯或菜餚，烤披薩，節省很多煎、炒、炸、烹的功夫，出菜時還可直接端上桌。選購一台好一點的烤箱，能調整溫度，用來做料理也非常方便。

砧板

準備 2 塊砧板，切生的食材和熟的食物的砧板要分開。切生食的砧板，最好用木製的，比較不會滑刀，要記得保持乾爽。

刀具

薄的切刀輕巧、好切；厚的剁刀可以借力使力，再配上一把水果刀；另外削皮刀、剪刀都是好幫手；再準備一組刨絲、刨片的刨刀也很實用。

碗組

飯碗和大小湯碗，可以多準備 2 ～ 3 個，在做菜時可以用來拌醃食材。

其他小幫手

漏杓、小篩網（最好有粗、細網的各一支）、鍋鏟、湯杓、打蛋器、磨薑板、蒸架、開罐器、防熱夾子、防熱手套都各有用處。

作 者	程安琪

發 行 人	程安琪
總 策 劃	程顯灝
編輯顧問	錢嘉琪
編輯顧問	潘秉新

總 編 輯	呂增娣
主 編	李瓊絲
特約編輯	翁瑞祐
編 輯	吳孟蓉、程郁庭、許雅眉
美術主編	潘大智
美術設計	鄭乃豪
行銷企劃	謝儀方
出 版 者	橘子文化事業有限公司

總 代 理	三友圖書有限公司
地 址	106台北市安和路2段213號4樓
電 話	(02) 2377-4155
傳 真	(02) 2377-4355
E - m a i l	service@sanyau.com.tw
郵政劃撥	05844889 三友圖書有限公司

總 經 銷	大和書報圖書股份有限公司
地 址	新北市新莊區五工五路2號
電 話	(02) 8990-2588
傳 真	(02) 2299-7900

初 版	2013年10月
定 價	新台幣299元
I S B N	978-986-6062-60-5 (平裝)

給晚歸的家人做頓簡餐

100道冰箱常備料理

http://www.ju-zi.com.tw
橘子 & 旗林 網路書店

國家圖書館出版品預行編目 (CIP) 資料

給晚歸的家人做頓簡餐：一百道冰箱常備料理 /
程安琪著 . -- 初版 . -- 臺北市：橘子文化，
2013.10　面；　公分
ISBN 978-986-6062-60-5(平裝)

1.食譜

427.1　　　102019905

◎版權所有‧翻印必究

◆書若有破損缺頁 請寄回本社更換◆